转基因食品

天使还是魔鬼

一民　编著

中国人民大学出版社

·北京·

序　一

黛博拉·昆斯·加西亚

LILY 电影公司（www. lilyfilms. com）

黛博拉·昆斯·加西亚（Deborah Koons Garcia），旧金山艺术学院艺术硕士，执导电影 30 余年，在加里福尼亚米尔谷有自己的电影公司。她的电影《食品的未来》（*The Future of Food*）2004 年在纽约电影节上首次公映，之后在世界各地的影院、剧场、食品节以及社区放映，广受赞誉。

《转基因食品：天使还是魔鬼》是个很棒的书名。确实，这个名字概括了围绕农业转基因工程的极具争议性的议题。转基因食品在市场上首次亮相以后的十多年里，来自许多国家成千上万的人要么拒绝食用，要么抵制在自己周围种植。关于这个问题我已经研究了好几年，也拍了一部口碑极好的电影，并且就这些问题在世界各地进行演讲，现在，我必须承认我意志坚定：我们必须慎之又慎地对待和研究这些作物给我们带来的好处和危险。实际上，预防原则——如果不知道某样东西是否会带来危害，就必须谨慎使用的观点——是我们在这件事上必须遵守的。

仔细研究的话，转基因作物那些备受好评的优点也就变得不真实了。它们的产量往往不是更高，而是更低了。正如有机中心的查尔斯·本布鲁克博士在他一系列的报告中所证实的那样，它们非但没能使农药使用减少，反而使之增多了。并且迄今为止，今天所种植的大多数转基因作物"被制造"成抗某种农药，比如有一种农药叫"农达"，它"能除掉所有的绿色植物"。抗农药的转基因作物在周围其他植物都无一幸免的情况下，能在农药中生存下来。它们给拥有这些种子、专利和化学物质（这也是这个机制必不可少的一部分）的几家大型跨国公司带来了利润，而那些小农户和市民们却无利可图。那么在拯救世界饥荒方面呢？在最近发生的世界粮食危机中，当全世界的人都在饿肚子并且发生暴动的情况下，这些公司却像土匪一样出售它们的转基因种子和作物，获得了前所未有的好处。

支持转基因作物的人最经典的论调就是：我们已经培育了几十年，是件了不起的事；这些食品已经经受住了考验，还有什么好担心的呢，并且我们也需要用这些作物向全世界提供粮食，所以不要太自私。目前还有呼声称转基因作物将来还会抗旱或者含有维他命。这些动议究竟在多大程度上属实呢？

这个问题最吸引人也最能警示人的一个方面来自现阶段对基因的理解——基因或者 DNA 究竟是什么，它怎样发挥作用。通常所说的"基因工程"始于 1970 年发明于旧金山海湾地区的 DNA 重组技术。科学家们用病毒和细菌打破一个物种的 DNA，然后将其与另外物种的 DNA 重组在一起。他们"制造"了有着鱼基因的西红柿、有着人基因的大米，或者是含有抗农药细菌的玉米和大豆——使作物能够经受农药的喷洒而不致死掉。

还有其他的基因操控技术，比如标记辅助育种，这种技术很有前途，不会在不同物种间转移基因，但是现在用于商业用途的农业生物科技使用的却是 DNA 重组技术，对于批评家们来说，这便是问题。

重组 DNA 的基因工程是建立在生命可以"制造"的设想上的。

基因（DNA）像一台运转的机器一样，一段 DNA 保持平稳并且自始至终表现一种特定的性状。自从转基因 DNA 被释放到自然中以后，我们所了解到的是，DNA 比我们原想的要神秘得多。我们现在知道了过去所不知道的：DNA 错综复杂，并且根据周围的影响——包括环境和其他 DNA——表现出不同的性状。鲁莽的介入——比如跨越物种制造出新的、不是在自然界中进化而来的基因构造，并且将这些新型生物体不加节制地释放到自然界，允许它们交叉和变异——是有问题的，因为，至少，这些作物生成的新型蛋白质很有可能会有毒。例如，植物经常带有能够生成毒素的基因，但经常被"关闭"。作物中新的基因物质的引入可能会"开启"这些毒素的生成，或者加大毒素以至变成过敏原。这些可能会在转基因作物首度进入农田和食品供应几代以后发生。含有新型蛋白的转基因生物进入食物链以后会发生一系列未知的后果。

评估美国人的实际健康状况就能发现，美国公民食用转基因食品逾十年但没有出现负面影响的论点站不住脚。肥胖症、糖尿病、不孕不育症以及过敏症，尤其是食物过敏，过去十年里在美国已经达到了流行病的程度。孩子们比以往任何时候都更容易过敏。体育教练已经对比赛中几个孩子使用哮喘吸入器习以为常。尽管我们成长于 20 世纪 50 年代的这代人实际上是吃着花生酱长大的，但由于花生过敏症，许多学校已经禁止食用花生酱。美国公民中有相当一部分，不管大人还是小孩，需要靠药物帮助来集中精力、冷静下来、入睡或者战胜抑郁。不太可能确切知道什么因素或哪些综合因素或哪些毒素正在造成大规模的疾病并影响了美国人的内分泌和神经系统，促使他们产生了对药物或其他干扰手段的需求，但是靠美国人民的"健康"来证明美国食品系统的仁慈和安全似乎是荒唐的。

"基因革命"令人恐惧的另一原因与生活的专利化、基因的专

利化以及基因的构造有关。如果含有取得专利权的 DNA 的玉米花粉被风吹到了一位农民的农田里，并且影响了他的作物，他就会被这家公司的专利所有者告上法庭，因为这位农民侵犯了其专利权。这样，这家公司就取得了农民的作物，而且，农民还得负法律责任。"拥有" DNA 这点尤为令人担忧，因为通过为自己的种子申请专利和影响农田，公司就可以控制农业生产的方方面面。这样，农民就变成了它们的农奴。

另外，世界上的种子供应被买断并被跨国公司申请专利。一旦它们掌握了种子供应，它们就没有竞争者，这样就可以任意地卖或不卖，也可以以任何价格出售。这对美国农民来说变得很棘手，因此，美国司法部正在全国举行一系列的听证会，听取农民和市民发表他们对像孟山都这样的公司的不满，这些公司制造种子垄断，收取它们所控制的种子的更高价格，而这些种子往往是农民们所能得到的唯一种源。所以农民们不能对取得专利的种子进行再种植，而只能每年都去公司购买新的种子。他们完全丧失了独立性。

另一个在被一次次重复的谎言是说转基因作物和食品经过了彻底的检验。事实上，在 20 世纪 90 年代初，当生物公司想投放这些种子、作物和食品时，他们宣称这些东西在极大程度上与传统食物等同，因此不需检验它们对人体健康和环境的影响。虽然保障食品安全的美国食品药品监督管理局的科学家们说，应当对转基因食品彻底检验，因为初步检验结果显示出一些问题，但是，由于美国政府的"旋转门"，公司能通过让自己的代表去政府工作并且批准对公司有利的政策（然后又回到有利可图的公司工作）来控制政府决策，转基因食品顺利过关。转基因食品被宣称"极大地相当于"非转基因作物和食品，因此没有就它们对人体健康或环境的影响进行检测。唯一的"检测"是由那些生物公司做的，由公司总结然后提交给政府。实际的检测结果被认为需要保密，并不为公众和政府所知。政府本身没有做任何检测。由于这些作物和食品被申请专利了，科学家们在没有取得专利所有者同意的情况下，是无法进行检测的。这项政策因为一篇2009年发表在《纽约时报》上的文章而走进公众视野。在一份提交给环境保护署的声明中，行业内的科学家们称"许多问题都无法进行真正独立的合法研究"。事实上，由于公共研究基金越来越少，而企业赞助越来越多，美国大学的研究实际上由公司控制。如果公司觉得研究结果对自己不利，便会禁止发布。

印度孟山都公司前总裁说，化学公司"过去常通过篡改科学数据"来使得政府监管机构批准转基因作物的投放，此后，转基因作物和食品"测试"问题糟糕的一面被公之于众。目前，印度已经决定禁止所有转基因作物——包括孟山都一直希望2010年开始种植的转基因茄子——直至"独立的科学研究建立起……从长远来看对人体健康和环境都安全的产品"。

要求对转基因做合适的检测是公共利益群体和农民呈请并获胜的两件案件的问题之一。美国最高法院判决：美国农业部和孟山都曾经投入种植的转基因苜蓿和转基因甜菜没有经过有关环境效应的安全检测。孟山都对于苜蓿的判决已经提出上诉，这件案子2010年将由美国最高法院重审。

对转基因食品对健康的影响所做的为数不多的几个研究显示，它们会对肝脏和肾脏功能造成危害——正如2009年法国一项为期90天的喂养试验研究所发现的那样。其他研究已经显示，被试验动物的内分泌系统出现了问题。许多科学家和市民正在呼吁资金雄厚的、长期的研究。此时，食用转基因食品的市民都成了试验品，市民们在不知不觉中变成了一项大规模喂养试验的对象。这种情况令人不能容忍。公司们真应该为有这样一些人被试验、被喂养而感到"自豪"。实际上，它们在每一个环节上都反对必要的透明度和问责机制。

我们需要转基因食品来"喂养整个世界"的想法在国际农业知识、科技发展评估中受到了严重打击，这个评估是一个为期三年的协同努力，由世界银行、联合国以及其他机构赞助，聚集了来自110个国家的代表和440位专家，代表着非政府组织、私人部门、制造商、消费者、科学家和其他利益相关者的利益。这项集聚大家智慧的报告：《站在十字路口的农业》，提出了世界正面临的许多重要问题，摆出了转基因种子所固有的风险与问题。这项报告指出，转基因在全世界范围内都是一个很有争议性的话题。它总结道，使用已申请专利的转基因种子、并由公司控制的化学集约型农业不会对世界上小型农户有所帮助或保证食品安全。而有机的、可持续的农业，或生态农业，才会为世界饥荒和食品安全问题提供一个更有前景的解决方案。

该报告与在密歇根大学做的一个非常有趣的报告有异曲同工之妙。密歇根大学的这份报告拿使用转基因种子的大型化学集约型农业与有机的、可持续的农业相比较，得出这样一个结论，发达国家有机农业的产量比化学集约型农业的产量稍低，而发展中国家有机农业的产量比化学集约型农业的产量稍高。由于有机农业的投入较低，而产品能以高价卖出，所以发达国家的有机农业比化学集约型农业更能赚到钱。

尽管孟山都公开宣传，急于把自己描绘成"可持续的"，但是被炒作为新型"绿色革命"的农业将会比第一次绿色革命更糟糕。大多数转基因作物在生产出来时都有自己的专有农药，像"农达"，或者它们会包含一种对某些害虫有毒的土壤细菌——Bt。像已经预言的那样，杂草和害虫已经对"农达"和"Bt"产生了抗性，所以现在他们在研发一种对更强、毒性更大的杀虫剂具有抗药性的转基因作物以及新型的Bt基因作物。孟山都已经承认Bt转基因棉花在印度是个失败——尽管价格高昂，但它并不像宣称的那样，它对害虫并没有抵抗力。

现在，转基因作物是用化学和工业方式进行种植的：规模庞大的垄断栽培，使用燃油的巨型农机喷洒化学物质和氮肥。这些化学物质和氮肥会在湖海中造成死亡区域。这种种植方式破坏了土壤——杀死了土壤中的微生物——所以土壤微生物不再向作物提供养分，也不再蓄水。这意味着这些农田比健康的、保湿的土壤需要更多的水，同时需要花更多的钱施肥。并且，由于整个体系的不健康、不自然，这些作物没有那些健康作物和土壤所具有的自然保护，所以，这些农场需要更多的农药。所有这些对农民来说，都是很大的花销。并且这些浸入土壤的有害化学物质也会再进入由此长出来的食物中，对消费者的健康造成更大的危害。

对于这个负担过重的地球来说，有两种前途可言。一种是大公司控制所有的种子并且将其全部申请专利。这些种子被种植在无边的"农场"里。而现实中，正如一位农民跟我说的，农场根本就不再是什么"农场"，而是喷洒越来越毒的化学物质（因为杂草和害虫抗药性的发展简直和新型转基因种子的生产一样快）并且排出污染地下水源的合成肥料的工厂，它们本身也越来越昂贵，需要大量的能源来维持。这些作物被培育在加护单元里，临时在没有生命的土壤里生长，依靠化学物质给养。在这里生长的作物（食物）远没有在有生命力的健康土壤里的作物（食物）有营养，但是，别着急，也许他们会把维生素植入其中。这类农场附近没有动物。一个魔鬼正在监视这个充满死亡、毒素和有毒食品的地带，这个魔鬼正披着公司的外衣。

另外一个未来视野则带有天使的意味。健康、有机的种子生长在具有生物多样性的环境里，被农民精心呵护，这些农民实行轮作，使用固氮覆盖作物，这又进而为土壤提供养料，农民们还用护根物对付杂草。他们珍视并且精心呵护蓄水的土壤，因此比没养分的土壤需要更少的水分。健康的土壤和健康的作物用自然的保护对付害虫，因此根本不需要化学物质。这些作物富含维他命和矿物质，很有营养。这些农场可能有健康的动物，它们的粪便可以合成肥料滋养土壤。靠用这样的农田吃饭的人们可以得到多种多样的食物。

几十年以前，阿尔伯特·霍华德爵士指出，产业化农业有一套运作精良的体系，并把它归为两类问题。可持续农田使用粪便做肥料，动物可以靠农田生存。当动物们被从农田中赶出来，关进大型的禁闭工厂，农田就失去了肥料——现在农民们必须从工厂买粪便肥料——并且，动物们造出大片大片的污水。

我本人站在有机农业、生态农业的立场。从长远来看，人们必须意识到，在50年或者更多年以后，我们将面临着石油枯竭的灾难。由于工业型、化学型农业从生产农药到操作农机，到运送廉价的食物到世界各地，都极大地依赖于石油，难道更加依赖是明智之举吗？

可持续的、有机的农业是回归过去。它运用时代的智慧，依赖尖端的科技、研究和信息，为环境和生存于其中的人类创造一个可持续的世界。今天，最有意思的挑战在于与自然协同，为我们自身生产出优质的、本土的、有营养的食物，尽量少用能源和资源，把它们还给土壤，而不是索取、索取、索取。可持续农业要求有智慧和经验。这才是我们顶级的农业科学家应当专注和投入资金的地方。但是在美国，公司的钱只在权力殿堂里说话做事。这必须改变。这就要靠公民和决策者用敏锐的感觉和坚定的意志，来引领我们走向一个健康的、可持续的农业未来。

序　二

何美芸

英国社会科学研究院（www. i-sis. org. uk）

> 何美芸（Mae-Wan Ho）博士，著名华人科学家，在有机生物学以及可持续系统领域做出了开创性研究，基因工程生物技术和新达尔文主义批评家。曾获得香港 Chan Kai Ming 生物学奖和美国国家遗传学基金会奖研金。她创立了英国社会科学研究院，并担任院长，同时她还是《社会科学》杂志的总编。她发表了超过 170 篇科学论文，并经常为媒体撰写评论文章。其代表作有：《遗传工程——美梦还是噩梦》等。

自第一株转基因作物——Flavr Savr 晚熟西红柿在美国获得商业种植许可以来，16 年过去了。也就是从那时起，在意识到科学已经沦为企业操纵的牺牲品后，我成为了一名"科学活动家"。Flavr Savr 晚熟西红柿很快失败并退出历史舞台；但是它只是一个先兆，因为像孟山都这样的农业生物技术公司即将粉墨登场。

转基因主要用于三种农作物，它有两大特点：抗除草剂和抗虫。抗除草剂是因为除草剂所针对的酶的草甘膦不致感形式——EPSPS——由土壤细菌农杆菌导源，而抗虫是因为由另一种土壤细菌 Bt 导源的一种或更多种毒素而形成的。

大约是在 1997 年前后，这些农作物在转基因作物的核心地区——美国——开始商业种植，并且此后大规模推广。尽管如此，多亏欧洲和世界其他地区知情民众的强烈反对，转基因作物被严格限制。到目前为止，转基因作物的种植面积只占世界耕地面积的3％，并且其中79％集中在美国、阿根廷和巴西等国家。[1]

目前转基因作物的种植占美国大豆、玉米和棉花三种作物的85％～91％。而恰恰是美国，现在正面临由此造成的生态危机。[2]

转基因作物加大了配套除草剂的使用，结果，杂草也抗除草剂了，为了对付抗除草剂的杂草，就要用更多的除草剂。但是致命的除草剂哪怕混合着用、越来越多地用，也无法阻挡那些"超级杂草"。这些杂草不仅令联合收割机望而却步，连手用工具也无法对付。同时，Bt毒蛋白并不针对的次生害虫，例如牧草盲蝽等却变成了美国棉花种植中最具破坏性的虫害。与此同时，美国的玉米带也遭到另一种次生昆虫——西部地老虎的肆虐。[3]对于这些危机，农民们束手无策。一些误导人的学者们还指挥着农民使用更致命的除草剂和杀虫剂，实际上这些除草剂和杀虫剂除了给那些农业生物技术公司赚取更大的利润外，别无它用，而正是这些农业技术公司在向农民们兜售害人的转基因作物。那些抵制转基因作物种植、或者想停止种植转基因作物的农民面临着重重困难，非转基因种子已经很难买到了。因为像孟山都这样的公司在加强它们对作物种子的垄断。[4]此外，它们还在转基因作物上叠加了种种新特性，并以此把农民们死死地控制在转基因的轮盘上。[5]

美国农民们的境况已经够糟糕的了；但是更为凄惨的是印度，因为印度不同于美国，这里的农民们得不到任何形式的国家补贴，许多农民已经身陷依赖大量化学投入的农业"绿色革命"的负债循环里。

Bt转基因棉花于2003年在印度开始种植，并且在农民和消费者艰难的声讨中迅速蔓延至整个国家。Bt基因棉花造成农民们债务负担日益加重，并导致农村自杀率加速上升。连续两个季度颗粒无收或歉收就足以使他们放弃生命。而在美国，Bt 基因棉花不断催生次生和新生害虫、抗药害虫以及新的病虫害。最为恶劣的是，由于营养物质和微生物的大量流失，这些土壤可能十年以后不能再种植任何作物。[6,7]

印度 Bt 转基因棉花危机已经促使整个国家都起来反对 Bt 转基因茄子。对此，印度环境部长 Jairam Ramesh 展开了一项全国性的调查，最后，他宣布暂停 Bt 转基因茄子的商业种植，直至实施进一步的健康和环境安全测试。[8] 由于顶住了美国及其代理人的巨大压力，Ramesh 已经成了印度的民族英雄，而美国及其代理人已经操控了印度的国家"基因工程核准委员会"，并已经同意了 Bt 转基因茄子的商业化种植。[9] Ramesh 在宣布暂停时，已经有意地将"基因工程核准委员会"称为"基因工程评估委员会"。

祸不单行，与眼下逐渐呈现出来的生态灾害同道而来的还有一系列对健康负面影响的佐证，而二者在一开始就被批评家们言中，正如我 1997 年出版的《遗传工程——美梦还是噩梦》一书中提到的。[10] 健康风险，不单是基因改良所固有的，还是转基因所特有的，这已被经费不足的独立科学家们在实验室里用为数不多的实验所证明，已经被农场的经验所证明，被农田中的工人所证明。这些在社会科学研究所的报告卷宗里都有记载。[11] 疾病和死亡在人和牲畜深受转基因作物侵害的农村已经出现。在实验室里，不论何时何地，不管用的是什么转基因作物，也不管这种转基因作物到底转了什么基因，也不管拿转基因作物来饲养的是什么动物，只要独立科学家们进行饲养试验，就会发现更多的死亡、不育、发育迟缓以及一系列的器官功能障碍。当独立科学家们能够重新分析那些农业生物公司提交的原始数据时，同样会发现让人忧心的问题。而这些数据原本声称转基因生物与自然生物"实质性相同"，所以安全性等于相对应的非转基因食品，同样的数据分析也适用于开始获得商业批准，后来被叫暂停的印度 Bt 转基因茄子。[12]

在宣布暂停转基因茄子种植的详尽的报告里，印度环境部长 Ramesh 强调，有机非农药管理明显优于 Bt 转基因技术，因为它完全摆脱了对农药的依赖。很显然，不管是对于印度，还是对于美国来说，从生态危机里脱身的唯一明智之举是全面转向有机、非转基因的农业。

中国在全国性调查中已经发现，农业超过工业成为了主要的环境污染源[13]，由于过度使用影响生产力的化肥[14]，土壤已趋于酸化，为什么在这个时候中国的某些人还愿意接收转基因这个"定时炸弹"？转基因作物使得工业"绿色革命"的所有弊端显露无疑，而且更甚，此外，它们还较易受到气候变化的影响。

中国人民大学农业与农村发展学院院长温铁军说得好，他说："在中国五千年的历史中，农业为我国创造了一个碳吸收型经济，但是在过去 40 年里，农业却变成了头号污染源。经验显示，我们不一定非要依赖于化学型农业来解决食品安全问题。政府应当鼓励低污染农业。"他说，中国农业面临着转折。

转折点就在眼下，气候变化已然发生，石油枯竭尤其是水资源的枯竭使得化学农业无以为继。本书恰逢其时。它启示我们应该把注意力从转基因作物转向碳吸收型农业和真正的绿色循环经济，而这会在这个吉祥的虎年给国家带来健康、富裕和繁荣。

注释

1. *Who benefits from GM crops*? Friends of the Earth International，February 2010，http：//www. foeeurope. org/GMOs/Who _ Benefits/who _ benefits _ full _ report _ 2010. pdf.

2. Ho MW. GM Crops Facing Meltdown in the USA. Science in Society 46（to appear）.

3. Then C. New plant pest caused by genetically engineered corn. Agr4o-Biotechnology，Testbiotech Report March 2010 http：//www. testbiotech. org/en/

node/356.

4. Novotny E. US farmers opposed 'Big Ag' in anti-trust hearing. Science in Society 46 (to appear).

5. Cummins J. SmartStax maize a medley of transgenes with problems. Science in Society 46 (to appear).

6. Ho MW. Farmer Suicides and Bt Cotton Nightmare Unfolding in India. Science in Society 45, 32-39, 2010.

7. Ho MW. Mealy Bug Plagues Bt Cotton in India and Pakistan. Science in Society 45, 40-43, 2010.

8. "Reasons fro the Bt brinjal moratorium", India Together, 12 February 2010, http: //www. indiatogether. org/2010/feb/env-btbrinjal. htm.

9. "How Bt brinjal was cleared, Anti-GM groups say expert panel acted under pressure", Savvy Soumya Misra. Down to Earth, accessed 4 April 2010, http: //www. downtoearth. org. in/full6. asp? foldername = 20091231&filename = news&sec _ id=4&sid=3.

10. Ho MW. *Genetic Engineering Dream of Nightmare? The Brave New World of Bad Science and Big Business*, Research Foundation for Science Technology & Ecology & Third World Network, Third World Network (TWN), Gateway Books, MacMillan, Continuum, New Delhi, Penang, Malaysia, Bath, UK, Dublin, Ireland, New York, USA, 1997, 1998, 1999, 2007 (reprint with extended Introduction TWN).

11. *GM Science Exposed: Hazards Ignored, Fraud, Regulatory Sham and Violation of Farmers' Rights*, ISIS CD book, 2007.

12. Burcher S. Bt Brinjal Unfit for Human Consumption. Science in Society 41, 50-51, 2009.

13. Ho MW. China's Pollution Census Triggers Green Five-Year Plan. Science in Society 46 (to appear).

14. Ho MW. Sustainable Agriculture, Green Energies and the Circular Economy. Science in Society 46 (to appear).

目　　录

第一章　毫无危害还是风险尚存? ················· 1

关于转基因食品的安全性:

　　转基因食品和传统食品实质上相同吗? 吃转基因食品比喝水还安全吗?

第二章　唯一可取还是需要谨慎? ················· 31

关于转基因食品与粮食安全及生态安全:

　　转基因食品是解决中国粮食问题唯一可取的办法吗? 转基因作物的种植会给环境带来什么样的影响?

第三章　孟山都的故事 ················· 65

关于生物跨国公司:

　　谁是转基因食品商业化最大的推动者和获益者?

第四章　蒸蒸日上还是江河日下? ················· 93

关于全球转基因作物的种植的后果:

　　转基因作物真的能减少农药的使用吗? 发达国家转基因作物的种植是越来越多还是越来越少? 其他国家的人们对它是趋之若鹜还是避之不及?

第五章　自主创新还是受制于人? ················· 113

关于转基因食品的专利:

　　我们真的掌握了转基因所有的核心技术吗? 技术领先必须通过商业化和开放市场来实现吗?

第六章　被动接受还是主动选择? ················· 139

关于转基因粮食安全证书的批准:

　　转基因食品是不是关系民生的重大事件? 普通老百姓应不应该在政策制定之前和政策制定过程中了解情况? 公民参与在公共政策制定过程中应该扮演什么角色?

后记 ················· 163

Chapter One ● 第一章

毫无危害还是风险尚存？

关于转基因食品的安全性：

转基因食品和传统食品实质上相同

吗？吃转基因食品比喝水还安全吗？

"阿凡达"——人类创造的新物种

美国导演卡梅隆花费十年功夫打磨出的大片《阿凡达》在2009年的岁末席卷了全球电影市场。影片中，为了掠夺潘多拉星球的珍贵矿藏，贪婪的人类把自己的 DNA 和潘多拉上的土著人——纳威人的 DNA 结合在一起，创造了一个新的物种："阿凡达"。

"阿凡达"外表和纳威人一样，头脑中却装着人类的意识，他们的使命是说服纳威人离开世代居住的家园，好让人类开采那一地区地下价值连城的稀有矿藏。卡梅隆导演为什么要用"阿凡达"这个词？这是一个梵文，在印度语中就是"天神附体"、"天神转世"的意思，影片中的人类，把自己当成了上帝。"阿凡达"成为了人类这个"上帝"在潘多拉这个"凡间"的化身。然而，阿凡达却失控了，本是潜入纳威人的间谍，却背叛了创造自己的人类，领导纳威人把侵略者赶出了潘多拉。看来，"阿凡达"是正义还是邪恶，依赖的不是发明它的尖端生物技术，而是它的创造者头脑中的道德、伦理标准以及价值观。

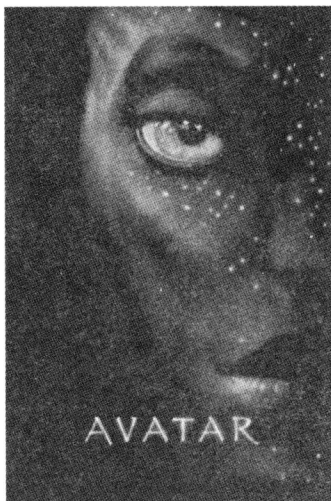

未来世界，物竞人择？

爱看电影的朋友应该会记得《千钧一发》这部科幻电影，电影中，每一个人的命运不再是未知的，而是在他出生时就由他的基因所决定。重要的职位，重要的工作，只能由经过基因优选、具有优秀基因的人担任，而"自然人"，因为不可避免地具有基因缺陷，他们受到基因歧视，甚至追杀。影片就讲述了一个"自然人"文森特，为了实现自己的太空梦想，如何不断努力，躲避基因追查，最终实现梦想的故事。为了躲避基因追查，文森特无数次地清洗自己的身体，避免留下含有"劣质基因"的毛发、皮屑等等。作为观众，影片会引起我们难以言状的复杂思考：一个人的命运就真的应该由基因决定吗？如果科技允许，我们是否要去选择改变父母给予我们的，自己和孩子的基因？如果选择了用别的基因来改变我们自己的基因，"我"还是"我"吗？"我的"孩子还是"我的"孩子吗？如果社会的大多数都去优选基因，保持自然基因是否就意味着耻辱？"物竞天择"真的会变成"物竞人择"吗？

什么是转基因？

科技发展一日千里，早在上述电影问世之前，生物学界已经发出了"掌握上帝之手"的欢呼。1980 年，第一个转基因生物——转基因小鼠在美国问世。1983 年，第一批转基因植物——转基因拟南芥和烟草在美国和比利时几个实验室几乎同时独立培育成功。自此以后，各种稀奇古怪的转基因生物被科学家们创造出来，不断挑战人们的知识和伦理框架："爱上猫"的老

老鼠爱猫？

3

鼠，发着水母荧光的"猴子"，甚至，转基因的人类胚胎。

什么是转基因呢？转基因就是指科学家把一种生物的基因分离出来，植入另一种生物体内，从而创造出一种新的生物。比如，上面提到的发荧光的猴子，就是把水母的基因植入了猴子体内，猴子因此具有了水母的基因而发光，并且这种特性还可以遗传给后代。

感觉新鲜有趣？不可思议？难以接受？不同的人对于转基因可能有截然不同的态度。有的人认为，几亿年以来，自然界的生物都在进行着基因交流，杂交、基因突变等等不就是在进行"基因转变"吗？既然"基因转变"从古至今都存在，而且每时每刻在发生，"转基因"又有什么值得大惊小怪、值得担忧和害怕的地方呢？

这个过程和传统的水稻育种类似。我们现在的水稻品种都是千百年来，通过杂交育种把外来的基因导入受体品种里得到的，只是非转基因是通过有性生殖，转基因是通过体外转移，本质上我不认为有很大区别。[1]

——黄大昉，中国农业科学院生物技术研究所研究员

而持相反意见的人认为，"基因转变"不等于"转基因"，在自然界几亿年的进化当中，基因的改变是缓慢而自发的。即使是人类促进下的杂交，也仅仅在近缘生物之间发生；即使是基因突变，也是在环境诱因下由生物体自身完成的。正是物种之间清晰而稳定的界限，才形成了自然界丰富多彩的生物多样性，使得自然界平衡发展。而转基因技术在人为的操作下可以突破动物、植物、微生物的界限，突破自然形成的种群界限，

---

[1] 魏刚、陈永杰、李鹏、邹曦、王夕：《转基因水稻安全性四大焦点——是天使还是魔鬼？》，载《北京科技报》，2010-02-23。

一旦转基因生物释放到大自然中，将产生不可预知而又无法逆转的后果。

不同于传统育种技术，转基因技术对物种的改造过程可以说是"瞬间"即可搞定，无须引入时间纬度。对于工业文明来说，正如牛顿经典力学，时间是一个无须考虑的因素。但对于农业文明来说，时间却是一种重要的参量，犹如历史不能回避时间那样。这是因为，农业的对象，亦即每一个物种，都是漫长时间过程的产物，各个物种彼此之间相生相克的关系都是历经时间的考验磨合而成。有时一个外来物种往往会打乱本地生态系统的平衡，原因就在于它"瞬间"空降，来不及与本地物种建立某种联系。如此来看，转基因作物将会对生态系统的平衡带来何种潜在影响，同样难以估量。[1]

——陈蓉霞，上海师范大学哲学学院教授

杂交最远发生在属间，科间就需要人帮助了，如马和驴的杂交。而转基因可以发生在不同的类群（生物类群中的界有三大类，动物界、植物界、微生物界，界以下分别是门、纲、目、科、属、种）之间，如将深海里鱼的基因转移到西红柿上，将微生物的基因转移到水稻里去。杂交在自然界中可以自然发生，而不同界的生物之间的杂交是零概率事件。[2]

——蒋高明，中国科学院植物研究所研究员

针对反对者的怀疑，2010 年 3 月初，中国工程院和中国科学院十位院士表示，要大力推进生物技术研究与应用。其中，中科院院士、中科院北京基因组研究所所长杨焕明说：

尽管现在有各种各样的批评，我仍然毫不犹豫地支持转基

---

① 陈蓉霞：《转基因大跃进令人胆战心惊》，载《东方早报》，2010-02-10。
② 蒋高明：《转基因不是杂交，两者不能混淆》，见蒋高明的博客。

因植物和动物。转基因本身没有毒，它们同别的基因有什么相互作用也被研究得一清二楚。①

人类对基因、对生命的了解真的已经如此透彻了吗？的确，我们已经实施了"人类基因组计划"，耗费巨资进行了基因组DNA全序测定，把 A \ G \ C \ T 四种核苷酸的排列次序挨个弄清楚了。我们已经知道，仅仅这比7音阶还简单的4个字母，就奏响了无限神奇的生命乐章以及精彩绝伦的生命故事。但为什么科学家仍然无法解释，为什么人与鼠不到300个基因的差别使得人之所以为人，鼠之所以为鼠？为什么无法解释人与黑猩猩基因结构1.2%的差异却使得人类超越了非洲丛林中的"亲戚"，成为了万物之灵？为什么无法解释人与人之间99.99%的基因相同，而0.01%的差别却使得有的人勇敢智慧，有的人邪恶贪婪？

转基因食品安全吗？

【新闻背景】在批准了转基因棉花、番茄、甜椒等作物种植后，2009年11月27日，农业部批准了两种转基因水稻、一种转基因玉米的安全证书，这也让我国成为了世界上第一个为主粮发放转基因安全证书的国家。②

农业部为两种转基因水稻、一种转基因玉米发放安全证书，

① 《十位院士谈转基因：大力推进生物技术研究与应用》，2010 - 03 - 04，见人民网。

② 王佳：《我国成首个批准主粮转基因种植国家》，载《中国经营报》，2010 - 01 - 16。

引发了群众对转基因食品安全性的高度关注，也引发了不同专家、不同学者、不同机构对于转基因食品安全性的激烈争论。赞成者信誓旦旦，反对者言之凿凿，事实究竟怎样，关系到自己和家人的生命健康，需要每一个读者擦亮眼睛，进行自己的判断。

危险不比喝水大？

……2010年2月24日，国家发改委副主任张晓强率国家新兴产业发展思路研究调研组来汉。在华中农业大学，他听取了绿色超级水稻的研究情况报告，并代表消费者发问：转基因大米安全吗？

中科院院士、华中农业大学教授张启发没有直接回答张晓强的问题，而是举了饮用水的例子来说明他的观点：国家制定的饮用水标准中，相当于中等毒性农药的亚硝酸盐含量为百万分之一；转基因大米中的抗虫转基因蛋白的含量为百万分之两点五，而抗虫转基因蛋白已经被验证是完全无毒性的。一个正常人1天能够饮水8公斤，但吃不了1公斤大米。

张启发的结论是：食用转基因大米带来的危险，不会比喝水的危险更大。①

【链接】张启发，中国科学院院士，主要从事分子遗传学和基因工程研究。

反对者认为，张启发院士并未正面回答转基因大米是否安全的提问，而是转移了概念，将转基因大米与饮用水类比，用亚硝酸盐与转基因大米中的抗虫蛋白做类比，但这其中最大的

---

① 郑欣荣：《发改委询问转基因大米安全性——危险不会比喝水大》，载《长江日报》，2010-02-23。

问题在于，水是无机物，并非生物，亚硝酸盐也不是遗传物质。水中的亚硝酸盐之类的有害杂质，不是添加进去的，而是要排除的。而转基因大米中的抗虫蛋白已经被作为遗传物质人为嵌入了细胞核内，它必然会影响农作物的性状，而且作为遗传物质，它有可能变异，产生不可预料的结果，因而有巨大的潜在风险。

转基因大米与传统大米实质上是相同的？

支持转基因的人认为，任何食品都不可能实现绝对安全，要保证转基因食品的绝对安全，既缺乏科学依据，也难以实现。因此，目前在转基因食品的安全管理和评价中，应使用相对安全标准。也就是说，只要判定转基因食品和传统食品是实质性相同的，那它就是安全的。而只要在"外观"、"味道"、"营养成分"、"化学结构"方面相同，那就是"实质性相同"。从这个角度来说，转基因大米和传统大米是"实质性相同"的。

【链接】"实质性相同"原则来源于1992年美国老布什总统的总统行政命令。我国卫生部2002年根据相对安全标准提出的对转基因食品的安全要求是：转基因食品的食用安全性和营养质量不得低于对应的原有食品。

然而反对者针锋相对地提出，一方面，"实质性相同"忽略了转基因生物内部性质的变化——现有的转基因作物是植入外来基因而得到的，其先天特性被改变，这依靠传统繁殖方式永远也无法做到。既然先天特性被改变，怎么能说是"实质性相同"呢？另一方面，如果真是"实质性相同"，为什么转基因作物"浑身上下"都是专利？转基因生物发明人在向专利局申请专利时，必须证明这个转基因生物是"全新"的、"创造性"的，既然全新，又怎能"实质性相同"呢？

美国人吃转基因食品十几年了

——他们都没事儿，我们肯定也没事儿？

支持转基因推广的人士在各种场合经常提及的，证明转基因食品安全性的证据是：美国不仅是世界上转基因食品最大的生产国，也是最大的消费国。目前美国市场上的食品中，大约60％含有转基因成分。而我们日常的食品中，也早已有了转基因的身影。

……从全球角度来说，转基因食品早已经在应用了，包括很多网民，包括我们自己都在食用转基因食品，比如说大豆油，大家都在吃。现在转基因食品越来越多，在国际市场上，有人讲，在北美市场上有3 000种转基因食品，它们主要的成分就是转基因的大豆、玉米。含有这些成分的食品也是转基因食品，而且几亿人吃了十几年了，评价也是非常严格的。根据这个国际通用的评价原则，这些转基因食品已经在国际市场上、已经在我们餐桌上出现了，所以转基因食品是可以放心食用的。

——黄大昉在人民网的访谈

【画外音】 美国人吃转基因食品吃了十几年都没事儿，我们吃了也肯定没事儿。我们在不知不觉中吃转基因食品也吃了好些年了，没看出有什么问题，今后也不会有什么问题。

反对者对此又提出了不同意见[1]：美国的确是转基因大豆、玉米的生产大国，但并非转基因大豆和玉米的消费大国！表1—1显示了美国玉米、大豆和植物油的生产和消费布局。从

---

[1] 见 http://zhiyanle.blog.hexun.com/。

中可以看出美国玉米和大豆用于工业和直接供人们消费方面的比例，由于美国的玉米、大豆生产不全是转基因的，所以美国人直接食用的转基因玉米、大豆数量比表中显示的数据还要小。

表1—1　　　美国玉米、大豆和植物油的生产消费布局
（2008上半年—2009上半年）　　　　单位：百万吨

玉米使用分布		大豆使用分布		
饲料和饲料种子	45.9%	家禽饲料	13.84	47.5%
乙醇（能源）	24.7%	猪类饲料	7.52	25.8%
出口贸易	18.9%	肉牛饲料	3.61	12.4%
食品及相关加工业	10.5%	乳制品	2.53	8.7%
高果玉米糖浆	3.9%	宠物食品	0.72	2.5%
淀粉	2.1%	其他食品	0.90	3.1%
食用甜玉米	1.8%	合计：	29.12	36.2%
谷物作业及其他	1.5%	总产：	80.50	
酒精	1.0%	出口：	33.90	
种子	0.2%			
豆油消费分布		全球植物油消费分布		
沙拉或烹调油	4.49	53.3%	棕榈	42.23	32.3%
烘烤油炸油脂	1.99	23.6%	大豆	36.04	27.6%
人造黄油	0.34	4.0%	油菜	20.08	15.4%
工业产品	1.55	18.4%	葵花籽	10.85	8.3%
其他食用品	0.07	0.8%	花生	5.10	3.9%
合计：	8.43	11.6%	棕榈仁	4.96	3.8%
总产：	72.90		棉籽	4.76	3.6%
出口：	31.60		椰子	3.58	2.7%
			橄榄	2.95	2.3%
			合计：	130.55	

资料来源：美国农业部报告统计，2009年。

如表1—1所示，在美国，玉米用于食用的比例大约是总消费量的10.5%，而其中直接食用的比例为1.8%。有将近一半的玉米用于饲料，近1/4用于生物燃料，近1/5用于出口，这三项消费的总和占到玉米生产总量的90%。

就是说，尽管美国是转基因玉米生产大国，可它自己的食用消费却很少，并非像支持者说的那样大量食用。

美国官方统计说明，2008年，美国大豆产量约为8 050万

吨，其中 3 390 万吨用于出口，约占总产量的 42%；用作饲料等的大豆，加起来才 2 912 万吨，少于出口；而制成乳制品和其他食品被美国人民直接食用的大豆约为 350 万吨，是出口数量的 10%左右，是总产量的 4%左右。美国人口 3.2 亿，平均每人每年食用 10.9 公斤，平均每人每天食用 29 克，远远不能称为大规模食用。

而就大豆油而言，2008 年，美国总产量为 7 290 万吨，而用于食品消费的只占 11.6%；在 11.6%的消费总量中，直接食用的比例占到 70%，也就是说，美国人直接食用大豆油的比例只占其大豆油生产量的 8%。可见，美国国内转基因大豆油的消费量也很少，而是大量用于出口和工业生产。

美国市场的食用油相当大部分来自本国生产和大量进口的非转基因植物油。表 1—1 显示，国际市场上，豆油消费约占 27.6%，更大量消费的植物油是棕榈油，另外还有油菜油和橄榄油等。其中棕榈和橄榄的油料消费呈现逐年上升趋势，而它们是非转基因的，明确标记"NON-GM"（非转基因）或"EX-TRA-VIRGIN"（完全天然的、没有经过人工塑造的，即非转基因的）。据统计，截止到 2009 年年中，橄榄油国际贸易市场大约 1/3 是美国进口消费。

美国超市中的"绿色"食用油

由此可以看出，转基因产品的生产规模不等于转基因产品的消费规模。美国大量出口自己的转基因产品，同时进口非转基因产品以满足市场需要。

根据美国调查机构皮尤食物和生物技术组织 2006 年对美国消费者所作的调查①，在美国这个转基因研发和生产大国，有 58％的人表示"没有听说过转基因食品"，60％的人回答自己"从未吃过转基因食品"；对于是否支持转基因食品，有 46％的人明确表示"反对"；当被问到"转基因食品是否安全"时，回答"基本不安全"和"不知道"的人占接受调查人数的 66％。

可见，如果事实正如美国民众所展现的这样，那么美国绝对谈不上一个转基因食品的消费大国，谈不上美国几亿人大量食用转基因食品长达十几年；而如果事实是美国确实为一个转基因食品的消费大国，我们不禁要为美国人民的知情权担心了——在美国这样的发达国家，大多数人没有听说过，或者以为自己从来没有吃过的东西，是怎么绕过了政府机构的重重把关，"混迹"美国人民的饭桌呢？

转基因作物中的 Bt 抗虫蛋白究竟有毒没毒？

随着公众对转基因食品的广泛讨论，一个原本属于生物学的专业术语"Bt 毒蛋白"对于广大消费者来说，好比统计数据 CPI（消费物价指数）对于广大投资者一样，被迅速地讨论并熟悉了起来。

Bt 基因就是苏云金芽胞杆菌基因。苏云金芽胞杆菌可以分泌一种毒蛋白，对鳞翅目鞘翅目昆虫（比如小菜蛾）有很强的杀伤作用。人类很早就研究利用 Bt 菌来杀灭害虫，总共

---

① Pew Initiative on Food and Biotechnology：Public sentiment about genetically modified food，2006－12．

有 100 多年历史。随着分子生物学技术的发展，人类将 Bt 基因植入水稻、玉米等作物，使其制造出 Bt 毒蛋白，以达到抗虫的效果。

Bt 蛋白能毒死昆虫，那么它对人体究竟有害没害呢？

认为 Bt 毒蛋白无害的人士举出了三个原因来进行说明：（1）Bt 内毒素是一种蛋白质，加热以后就丧失活性了；（2）Bt 内毒素本身没有毒，只有在昆虫肠道碱性环境下才能加工成有毒的蛋白，而人的胃环境是酸性的，因此对人无毒；（3）Bt 内毒素产生的毒蛋白要和昆虫肠道细胞表面上特定的受体结合才能起到作用，而人的消化道细胞表面上没有这种受体。

我们在吃食物时一般是要加热、煮熟才吃的，内毒素是一种蛋白质，蛋白质加热后会变性，实验表明，内毒素在 60 摄氏度的水中煮一分钟就失去活性。即使是生吃也没有关系，内毒素只有在昆虫肠道碱性环境下才能加工成有毒的蛋白，而人和牲畜的胃环境是酸性的，肠道细胞表面不含有毒素蛋白的受体，因此不会中毒。被人和牲畜吃下去的内毒素，会像其他蛋白质一样被消化、分解掉。[1]

——方舟子

针对"Bt 毒蛋白对人体一定无害"的说法，也有专业人士提出了质疑。[2]

（1）Bt 内毒素本身没有毒吗？

国家官方杂志《食品科学》，早在 2007 年 28 卷第 3 期的 357 页就已经撰文，揭示出苏云金芽胞杆菌其实与人体的致病

---

[1] 方舟子：《转基因水稻杀虫不害人，农药更有害》，载《中国青年报》，2005 - 04 - 20。

[2] 参见王月丹：《到了向全国人民公开转基因大米真相的时刻了——呼吁两会关注转基因大米的问题》，见王月丹的博客。

菌蜡样芽孢杆菌是一种菌，而后者被认为是可以引起致命性呕吐和肠胃炎的病原体，其产生的热稳定性毒素可以在30分钟内引起人体发生呕吐，并曾经导致一名17岁的瑞士男孩由于呕吐引起的肝衰竭和横纹肌溶解而死亡。目前的研究发现，以前的所谓蜡样芽孢杆菌中70%是苏云金杆菌，而且目前商业用的苏云金芽胞杆菌菌株（我们的农药菌株）含有呕吐毒素和肠毒素基因。

（2）昆虫肠道碱性环境下才能加工成有毒的蛋白，而人的胃环境是酸性的，因此对人无毒，是真的吗？

人的体液大部分是碱性的，唾液的PH值6.50～7.50，十二指肠液的PH值4.20～8.20，胆汁的PH值7.10～8.50，胰液的PH值8.00～8.30。所以人体整个消化系统几乎都是碱性的，完全可以满足Bt毒蛋白溶解和发挥生物学作用的需要。

（3）人的肠道细胞表面不含有毒素蛋白的受体，因此就不会中毒？

蛋白质与细胞的结合，可以通过吸附作用，而不一定需要结合受体，比如红细胞对青霉素和磺胺药等的吸附。而且，现在没有发现受体并不等于不吸收，例如三聚氰胺虽然不是蛋白，但可以进入人体，现在是大家公认的，但是它的肠道受体又是什么呢？谁也不知道。

（4）内毒素是一种蛋白质，会像其他蛋白质一样被消化、分解掉，因此无毒，是这样吗？

蛋白质类的毒素，有很多可以在体内代谢成氨基酸，例如，肉毒毒素、白喉外毒素和破伤风外毒素，等等。其中，最强的肉毒毒素1毫克纯品能杀死2亿只小鼠，其毒性比化学毒剂氰化钾还要大1万倍。这些也可以降解成氨基酸。对于超敏反应研究最著名的僧帽水母毒素也是多肽，可以降解成氨基酸的，也是致命的。

是蛋白质并不是无毒的标准，能被降解成氨基酸也不是无毒的标准。

——王月丹，北京大学医学部免疫学系副教授

认为 Bt 毒蛋白安全的专家认为，Bt 蛋白是自然界中本来就存在的，苏云金芽孢杆菌的存在比人类的出现还早，是和其他生物协同进化的，因此是无害的。

而质疑 Bt 毒蛋白的人士则认为，当苏云金芽孢杆菌天然分布于自然界中时，对周围的其他菌或者生物，造成的影响是可以平衡的。如同大草原上的角马、斑马、狮子、鬣狗等动物，它们都是协同进化，维持在一定数量。如果狮子太多，把角马吃完了，狮子也照样玩完；狮子太少，角马过多，整个草原同样无法延续。Bt 蛋白也是同样道理，自然界中的苏云金芽孢杆菌一直维持在一定的数量，整个生物系统才处于一种平衡状态。当我们采用基因工程技术改造苏云金芽孢杆菌以后呢？Bt 蛋白就会超量散布于自然界中，这势必会打破原有的生态平衡。改造过的 Bt 是否是"蝴蝶的翅膀"？是否会影响整个生态系统？目前还无法下定论。但是生态系统从一个稳定的平衡被打破，到建立一个新的稳定平衡，期间必然出现矛盾冲突。

质疑转基因生物的人士还指出，转基因过程中为了知道基因的转入是否成功，要用抗生素进行标记，而抗生素的滥用会对人体产生危害。用老百姓最通俗的话来讲，原来打一针就可以治的病现在打几瓶点滴也不管用。另外，转基因食品还被质疑可能增加人们食物过敏的风险。食物过敏不是新鲜事儿，有的人吃海鲜过敏，一吃海鲜就拉肚子，有的人酒精过敏，一喝酒就起疹子，而转基因食品是否会增加食物过敏的风险？

Bt 蛋白作为生物杀虫剂已安全使用 70 多年；与已知致敏

原蛋白氨基酸序列无相似性，不会引起过敏反应。[①]

同源性就是说有相同的祖先，农业部的一些专家认为，只要 Bt 蛋白与已知的过敏蛋白老祖宗不同，就不会引起过敏反应。而目前人类知道的过敏原很少，食物只知道 30 种，正是因为对食物过敏的不了解，才使得有的人吃普通的食物引起严重的过敏反应甚至死亡。而 Bt 蛋白中的一种，尽管与已知的过敏原老祖宗都不同，但还是被发现可以引起人类的过敏。美国环境部、欧洲科研机构等纷纷检测到了 Bt 蛋白导致人类过敏的可能性。[②]

图 1—1 是美国境内发现食用转基因玉米造成过敏症状的各州分布。

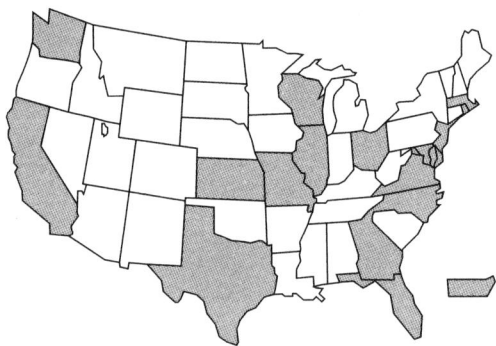

图 1—1 美国食用转基因玉米造成过敏症的各州分布

资料来源：美国疾病预防控制中心关于 CRY9C 导致过敏的报告，2001。

转基因食品的动物试验结果究竟如何？

以上的争论对于普通消费者来说也许过于专业，但抛开陌

---

① 农业部农业转基因生物安全管理办公室：《农业转基因技术与生物安全问答》，见农业部网站，2010 - 3 - 16。
② 参见《转 Bt 基因玉米中外源蛋白的安全性评价策略及挑战》（国外医学卫生学分册），2005 年 32 卷第 2 期，96 页。

生而拗口的专业术语，卸下各种被严格限定的试验条件，借助科学家和媒体的公信力，直接来看转基因食品的动物试验结果，大多数老百姓还是能够明白的。但是令人更加感到迷惑的是，这些试验竟然呈现出完全不同甚至相互矛盾的结果。

研究人员用纯 Bt 蛋白对抵抗力很弱的小鼠进行灌胃，剂量达每千克小鼠体重灌注 5 克纯 Bt 蛋白，没有发现中毒、过敏、体重异常、脏器病变。每克转基因稻米含 Bt 蛋白不超过 2.5 微克，按小鼠灌胃剂量折算推知，一个体重 60 公斤的人吃掉 120 吨稻米也不会发生中毒、过敏、体重异常、脏器病变。如果按每天吃 500 克稻米计算，一个人活上 120 岁，也只吃掉约 20 吨稻米，只及小鼠灌胃剂量的六分之一。[1]

——转基因水稻的培育单位、华中农业大学作物遗传改良国家重点实验室

1997—1998 年，英国科学家，世界著名基因研究专家普兹泰博士开展了一项试验，用转基因土豆来喂养小白鼠，这种土豆加入了凝集素——一种被认为天然无污染，可以安全食用又可以防治虫害的基因。普兹泰博士开始对这种转基因土豆的安全性深信不疑，并认为自己的独立研究将见证转基因食品的光明前景。然而，试验结果与他的预料相差得越来越远……

1998 年，普兹泰博士在电视上公开了他的研究成果：

食用了转基因土豆超过 110 天的老鼠个头比普通老鼠小很多，更让人担心的是，食用转基因土豆的老鼠肝脏和心脏甚至脑部都比正常老鼠小，免疫系统更加脆弱。

他说：

---

[1] 金微：《转基因大米安全争议难消》，载《国际先驱导报》，2010 – 03 – 05。

有人向我们保证转基因食品是绝对安全的，我们可以随时食用转基因食品，而且也必须随时食用转基因食品，但是，作为长期从事这一领域研究的专家，我认为把人类当做小白鼠一样来做试验是非常非常不公平的。我们应该到实验室去找小白鼠。……如果是我，在得到和我们针对转基因马铃薯所做的试验可比较的科学证据之前，是绝对不会食用转基因食品的。①

2006 年，俄罗斯科学院高级神经活动和神经生理研究所科学家伊丽娜·叶尔马科娃博士在小白鼠交配前两周以及在它们怀孕期间，给它们喂食转基因大豆。结果：

一半以上的小白鼠刚出生后就很快死亡，幸存的 40％ 生长发育也非常迟缓，它们的身体都比那些没有喂食转基因大豆的小白鼠所生下来的幼崽小。同时发现，喂食含有基因食品的母鼠和幼鼠攻击性和焦虑症状增高，而且有些母鼠不再有母性本能。科学家们表示，该研究结果令人非常不安，因为这意味着转基因食品会给孕妇和胎儿带来风险。针对转基因产品对孕妇和胎儿产生的影响进行研究，这在全球当数首次。②

目前，伊丽娜·叶尔马科娃博士已经被任命为俄罗斯基因安全委员会的副主席。

1997 年，一位德国农民开始给自己的奶牛喂食转基因玉米，这位接受过高等教育的农民一开始就详细记录喂养、产奶等各种数据，为转基因动物饲养提供了宝贵的资料。开始三年，这位农民少量喂食了转基因玉米，没有出现什么异常。第四年当他增加了转基因玉米喂食量，并期待他的奶牛提高产量时，他的奶牛却纷纷出现腹泻、便血、停止产奶等问题，最终，他

① 恩道尔：《粮食危机》，北京，知识产权出版社，2008。
② 张洁：《俄著名反基因专家走马上任》，载《科技日报》，2010-01-27。

图中小老鼠 20 天大，大老鼠 19 天大，生小老鼠的母鼠被用转基因大豆喂养。

食用转基因的母鼠生下的小鼠和正常小鼠的对比照片

的 70 头牛几乎全死光了。著名的瑞士联邦技术研究院的安格里·卡·海尔比克教授发现，在这位农民提供的转基因玉米样本中，Bt 毒素不仅以活性形式存在，而且极其稳定。

2007 年 3 月，法国生物学家塞拉里尼在美国《环境污染与毒理学文献》杂志上发表论文说，雌性试验鼠在食用 MON863 转基因玉米后开始变胖，而且肝功能受损；雄性试验鼠食用这种转基因玉米后开始消瘦，并伴有肾功能受损。他希望有关政府机构能够重新验证这种转基因玉米的安全性，并暂时取消这种玉米的上市许可。

2008 年 7 月，奥地利研究人员发现，用 Bt 转基因玉米饲料喂养小鼠，对小鼠的肾脏和生殖产生了影响。[①] 2008 年 11 月，意大利的研究人员用转基因玉米喂养刚断奶的幼鼠和年迈的老鼠，发现这些鼠的免疫系统反应异常。也就是说，转基因食物会给免疫系统造成影响，并且对不同年龄段的生物造成不

---

① Velimirov el al.，2008，转引自杰克·海因曼：《Bt 植物给人类健康带来的潜在风险》，见 www.twnside.org.sg。

同的影响。[①]

相关的事例和试验很多，我们在此就不一一列举了，对于一些试验，不少科学家还在争论当中，但这些试验的结果至少说明：在转基因食品是否会对动物产生危害方面，科学界还远未达成共识。

比起实验室里被迫吃转基因食物的可怜小鼠，大自然中动物的举动也许能给我们一些启发。

国际知名的自然资源保护者古道尔在《希望的收获》一书中指出，世界各地许多动物对转基因生物表现出本能的厌恶。2003 年 9 月《福祉杂志》刊登了一个事例，一位名叫比尔·拉什梅特的农民，用他的牛进行喂食试验，他把一个饲料槽装满 50 磅的转基因 Bt 玉米，另一个槽则装满天然的玉米，他观察到他的每一头牛都先用鼻子闻一闻转基因玉米，后退，然后走到天然玉米那里，狼吞虎咽地吃了起来。

1999 年美国记者斯蒂文·斯普林克·杨克顿为生态农业杂志 ACRES USA 写了一篇文章——美国很多种玉米的农民反映，如果喂食槽里是转基因作物，猪就吃不完平时的定量食物。浣熊经常扫荡有机玉米田，却不会碰转基因玉米田。有位农民看到一个多达四十多只的大鹿群来到庄稼地里，却没有一只鹿去啃孟山都的抗除草剂转基因大豆。

家猪、浣熊和鹿群对转基因食物表现出天然的反感，是因为感觉到转基因食物有害还是因为转基因食物不合它们口味？我们不得而知，正因为未知，引发了人们对转基因食品安全性进一步的思考。

---

① Finamore et al.，2008，转引自杰克·海因曼：《Bt 植物给人类健康带来的潜在风险》，见 www.twnside.org.sg。

"不可预测效应"①

被植入外来基因的物种，表现出人类希望它表现的品质，这就达到了"预期效应"，但也有可能表现出意外的品质，或者丧失了原有的品质，这就被科学家们成为"不可预测效应"，"不可预测效应"有可能有利，也可能有害。例如，一种芥末，因为转入了耐除草剂基因，其受精能力意外提高了20多倍。但也有让人不那么高兴的"不可预测效应"：某种转基因油菜，胡萝卜素含量提高了，维生素E却降低了；某种转基因水稻，谷蛋白降低了，醇溶谷蛋白却增加了，可能导致食用过敏；增加胡萝卜素的金水稻，叶黄素也意外地随之累积了……

当形形色色的转基因生物在食物链中出现，我们可以预测它们在我们的消化道中会发生什么相互作用，导致什么后果吗？生物公司们愿意耗时耗力斥巨资做这件事情吗？各国监管部门愿意做这样的分析吗？有足够的财力去做吗？现有的分析手段能做到吗？

也许，临床试验是一个解决"不可预测效应"的简单方案？

转基因食品为何不做人体试验？

从药品说起。

我们都知道，所有的新药都是经过临床试验之后才上市的，那么为什么要进行临床试验，不经过临床试验的药品不能上市呢？

先让我们来看新药研究过程中的两个"小故事"：

在20世纪70年代以前，新药上市要比今天容易得多，在那个时候新药一般只要能通过实验室里对动物的安全评价，就

---

① 参见沈孝宙：《转基因之争》，北京，化学工业出版社，2008。

能够广泛用于临床。

1938 年，美国的一家公司考虑到有多年临床经验且疗效很好的磺胺药片不易让儿童服用，就在磺胺中加入了一种溶剂（现在我们常用于汽车防冻液中的一种工业原料），将磺胺药的剂型从片剂改为口服滴剂，但是在改变剂型后没有做过人体试验就直接用在临床上了，结果发生了 100 多个孩子中毒死亡的严重事件。在这一事件发生后，美国政府认识到了药品上市前需确定其安全性的必要。1938 年美国国会通过了食品、药品及化妆品的有关法案，由美国食品与药品监督管理局强制实施这一法案，履行保护公众健康的职责。这一法案规定，新药上市前必须进行安全性临床试验，并通过"新药审批"程序提交安全性临床试验的结果证据。

大约又过了 20 年左右，也就是 20 世纪 60 年代，震惊世界的"反应停"事件发生了。不少做父母的读者可能知道这个故事。

"反应停"是一种镇静药物，被广泛用于"治疗"妇女的妊娠反应。由于当时欧洲各国对药品临床试验没有严格的管理，所以该药未经临床试验就在欧洲一些国家上市并被广泛使用。数千名服用这种药品的怀孕妇女生出畸形胎儿：无手、无脚或缺肾、缺胆囊、肛门闭锁，以及心脏畸形、耳聋等。"反应停"最终致使 20 多个国家上万个这样的畸形胎儿出生。这些畸形胎儿被称作"海豹儿"。1961 年，"反应停"停止生产。各国停止使用"反应停"后，"海豹儿"再也没有出现。

这一震惊世界的惨案，使世界各国政府充分认识到对于要上市的新药来说，仅有动物药理学试验是远远不够的，必须通过立法要求新药在上市前进行临床试验，从而评价其疗效和安全性。

所以，临床试验是新药研究过程中一个不可缺少的环节，而且是非常重要的一个环节。

转基因食品不是药物，但是却是"创新物种"，如果做了"临床试验"，确实没有问题，岂不是能平息所有争论，给消费者充分的信心，为转基因食品做最好的宣传？为什么这样一件重要的事，却没有进行呢？

不是药品所以不需要？

记者：在投入商业生产之前，有没有考虑进行人体临床试验？

黄大昉：这十年时间里，转基因水稻一直在进行各种各样的安全性评价，已经充分验证出结论，证明了它对人、对环境的安全，同时也进行了大量的动物试验。

不是所有食品的安全性都要经过临床试验，只有药品才需要。

记者：国内外都曾经爆出转基因食品出现的一些食品安全事件，这加深了人们对转基因食品的忧虑。

黄大昉：对于这些事件，我们都给予了高度关注。截至去年共收集到相关案例16个左右，但是，经过查证，并没有确切的证据表明是转基因技术本身出了问题。前一段时间还爆出广西某地种植了转基因玉米，人食用后导致精子失活，后来查清楚了，纯属无稽之谈。[1]

① 徐靖、王飞、李栋：《专家称转基因水稻确定安全，3至5年内有望上市》，载《广州日报》，2010－03－09。

【新闻回放】

广西医科大学第一附属医院参加了世界卫生组织的一个课题，对在校大学生性健康进行调查，结果却令人大跌眼镜。

"我们对广西19所高校的217例大学生志愿者的精液进行了质量分析，竟有56.7％的大学男生精液质量异常，对这个结果连我都吓了一跳。"广西医科大学第一附属医院男性学科主任梁季鸿博士告诉记者，精液质量是男性生殖健康的"晴雨表"，56.7％男生精液异常，这是相当惊人的数据。[1]

【无头公案】

广西是否种植了转基因玉米？广西种植了美国孟山都公司的迪卡007和迪卡008玉米，这些玉米在推广过程中被称为"杂交玉米"。一方面，广西农业厅检测表明迪卡007和迪卡008不含有转基因成分，另一方面，迪卡007和迪卡008却表现出转基因玉米才会有的抗除草剂特性。这些性健康出现问题的大学生志愿者是否经常吃玉米尚不清楚，但玉米确实是壮族人的传统主食。从玉米粥到玉米酒，当地老百姓的生活离不开玉米。[2] 看来，这一新闻引发的真是一桩无头公案。

研究转基因水稻的张启发院士称，他和实验室的同事们都试吃过自己研发的转基因稻米，口感还不错。遗憾的是，张启

---

① 关海芳、蔡欣宁：《广西大学男生性健康：过半抽检男生精液不合格》，载《当代生活报》，2009-11-19。

② 参见腾云飘：《壮族传统主食——玉米》，见广西田东县民政局网站。

发院士没有详细披露其团队试吃转基因大米的数量、时长及食用以后的身体状况等信息。

杂交水稻之父袁隆平院士则愿意作为志愿者试吃抗虫的转基因食品，他认为，对抗病抗虫的转基因食品需要慎重，要两代人吃了都没问题才表明没问题。

主持人：你之前也说过，对转基因食品的危害没有确切的说法？

袁隆平：不能一概而论。好多人问我这个问题，有一些转基因食品，不存在概率学问题。有的转基因食品，它的品种是抗病抗虫的。它这个抗病抗虫的基因，是来自一种细菌的毒蛋白，虫吃了要死，人吃了怎么样？很难说。又不能说拿人做试验，顶多拿个小白鼠做试验。但是老鼠是老鼠，人是人，这个要慎重。抗病抗虫的转基因食品，我们要持慎重态度，不能拿人做试验。怎么办？我是志愿者，我愿意吃转基因的抗病抗虫食品，我吃了没有问题，还不行，因为我现在没有问题，下一代怎么样？我已经有了下一代，号召志愿者，年轻人，他来吃，他吃了，他生的儿子也没有问题，这就没有问题了。应该是这样一个态度。

——2010 年 3 月 4 日，全国政协委员袁隆平接受凤凰网和
《人民政协报》联合访谈

有的专家认为，"试吃"转基因食品，既不可行，又无必要。

简光洲：蒋高明准备在《南方周末》上搞个民间绿色提案，就是让转基因研究者自己先来试吃，同时征集志愿者来试吃转基因产品，这种方法可行吗？

吴孔明：我觉得不可行，也没有必要。我觉得任何国家都有相应的标准和法规制度。这些都是建立在科学论证的基础上

的。转基因安全证书的发放，国家是依法、有序、科学地进行的。我们现在不能研究一个新药，一定要让研发者自己试吃，吃完之后再去用。你觉得这个可行吗？因为什么东西不是说敢不敢吃，它是建立在一个科学管理的基础上的。[①]

坚决支持中国发展转基因粮食的叶檀女士则在博文中明确指出，"没有足够愿意当小白鼠的志愿者"。

针对"志愿者不足"、"转基因食品未经试吃遭到怀疑"这两个问题，中科院植物研究所研究员蒋高明发起了"绿色提案"。

转基因稻米，不试不吃[②]
2010-03-03 21:25:58

关于积极推动转基因大米试吃即安全风险评估制度的建议

领衔人：蒋高明（中国科学院植物研究所研究员）

【案由】

2009年11月27日，国家农业转基因生物安全委员会批准了两种转基因水稻、一种转基因玉米的安全证书，从而使中国成为世界上第一个批准转基因主粮商业化种植的国家。但是，转基因作物安全证书"低调"发放后，普通消费者延续经年的担心仍未消除：是否能放心吃？

对于新生事物，我国一直有先试先行的优良传统，比如抗艾滋病药的临床试验，比如SARS疫苗的试用，所以，面对转基因大米的多方争议，大可借鉴这一经验。

---

① 简光洲：《转基因水稻"安全证"激辩》，载《东方早报》，2010-03-04。
② 冯洁、袁瑛、何海宁、孟登科、徐楠：《转基因稻米，不试不吃》，载《南方周末》，2010-03-03。

有转基因水稻研发者称，一个体重60公斤的人吃掉120吨转基因稻米也不会发生中毒、过敏、体重异常、脏器病变。如果按每天吃500克稻米计算，一个人活上120岁，也才仅仅吃掉20吨稻米。最近这些研发者又调查了食品、饮用水等相关国家标准，发现对人体无毒的Bt蛋白在转基因大米中的含量，比国家标准规定的食品中的亚硝酸盐含量还低。由此他们断定，转基因大米比达标的饮用水还安全，是真正无毒无害的。

但是，这样的保证并不能消除人们对于转基因安全性的疑虑。以前，三聚氰胺也是作为重大科技成果推广的，对其安全性的介绍也是可以放心应用的，"三鹿牌"奶粉还是国家免检产品。遗憾的是，所有信誓旦旦的保证并没有阻止三聚氰胺对儿童生命的大规模伤害。

迄今为止，英国、法国、美国、俄罗斯、澳大利亚、挪威、奥地利、瑞典、比利时、芬兰、德国等国的科学家，都说转基因食品具有多种不利影响，大概只有中国的部分科学家认为转基因食物无害。人毕竟不是试验动物，那些对试验动物有影响的不一定对人体有直接的影响；同样道理，对于试验动物不产生影响的，也不能说明对人体就没有影响。

对于这样的争议，试吃制度可以明辨是非。著名水稻专家袁隆平接受转基因作物采访就提到了这个想法："现在还不能肯定人吃了以后会不会出问题，但总要有人去试，又不能强迫别人来吃这个大米，所以目前就采取自愿试吃的办法。"他并表示如有这样的试验，将第一个报名试吃。

【建议】

1. 召集志愿者，进行转基因大米自愿试吃试验，周期最少不能够少于 10 年。

2. 试吃转基因大米的，不应当是袁隆平，而应当是那些声称转基因大米无害的科学家，还有其积极的拥护者。即使如此，为了防止健康风险，建议国家从转基因重大专项中增加一部分资金，再募集一部分资金，用于大力奖励那些自愿试吃转基因大米的"先驱者"。

3. 当然，为了确保试验的严谨性，必须有独立的第三方对试验进展进行跟踪，确保一日三餐中所有涉及的大米及其制品必须是转基因的，为了丰富口味，那些西红柿、茄子、辣椒、鱼、肉什么的，最好也都是转基因的，再用转基因大豆油来烹制。

4. 试吃过程接受社会监督，全程公开，一旦有了阶段性结论，昭告天下。

附议人：

简光洲 《东方早报》记者

张　鸣 中国人民大学教授

但是，究竟有多少志愿者报名"试吃"，截至本书出版，我们还不得而知，但如果确有这样的志愿者，我们应该十分感谢他们，较长时间的严格人体试验所得出的数据，必将对我国乃至世界的转基因研究产生巨大的推动作用。

亨氏和雀巢等跨国公司的"双重标准"①

亨氏和雀巢是大型跨国食品集团，尤其是亨氏，是全球知

---

① 参见张宇：《中国用户挑战跨国公司，雀巢双重标准再遭质疑》，载《市场报》，2003－12－29。

② 参见朱春光：《亨氏米粉事件拷问名牌信誉》，载《法制周报》，2006－03－27。

名的婴幼儿食品生产商，亨氏米粉是许多妈妈在给孩子断奶以后的选择。亨氏和雀巢等跨国公司在美国和欧洲都承诺其产品中不含有转基因成分。但在中国，它们没有做出同样的承诺。早在2006年，亨氏就被曝光其婴幼儿米粉中含有未经国家批准的转基因成分，而且没有做任何标识。做出检测的是国际权威检测机构德国基因时代公司下属的独立实验室。而雀巢，则从2002年到2009年，不断被消费者质疑其产品含有转基因成分，甚至因此被起诉。一方面，跨国公司拒不承认自己的产品含有转基因成分，另一方面，它们也拒绝承诺不使用转基因原料。经过否认、声明、重新检测、诉讼……留给消费者的是挥之不去的质疑：

转基因食品究竟安全吗？真的比饮用水还安全，孩子吃也没问题吗？

如果真的安全，为什么亨氏和雀巢等跨国公司要不遗余力地否认它们的食品含有转基因成分？

如果真的安全，为什么亨氏和雀巢等跨国公司要向美国和欧洲消费者承诺它们的产品不含转基因成分？

如果真的不安全，亨氏和雀巢等跨国公司的行为是对于中国消费者负责任的行为吗？

如果不知道安全不安全，我们应该吃还是不吃呢？我们是应该给孩子吃还是不给孩子吃呢？

中国农科院贾士荣研究员曾就转基因问题表示："科学是动态的，说不清几十年后的事情。但如果以后出现了问题，科学会解决它。"[①] 作为消费者个人，我们愿意自己和孩子成为几十年以后出现问题，等待科学来解决的那一位吗？

---

① 转引自刘鉴强：《转基因水稻——13亿人安全与利益的博弈》，载《南方周末》，2004-12-09。

Chapter Two ● 第二章

唯一可取还是需要谨慎？

关于转基因食品与粮食安全及生态安全：

转基因食品是解决中国粮食问题唯一可取的办法吗？转基因作物的种植会给环境带来什么样的影响？

从上一章我们可以看出，关于转基因食品的安全性尚存在争议，我们说过，事实究竟怎样，需要读者自己去思考和判断。但当我们跳出这一争议的时候，我们会发现，这不仅是一个食品安全问题，更是一个国家利益问题；不仅关系公民个人，更关系整个国家；不仅影响自家的一亩三分地，也会影响整个生态系统。让人惊讶的是，在这一层面，人们也远未达到共识，激烈争辩之声像潮水一样向我们涌来。

转基因与粮食危机

世界粮食危机的真实原因？

喜欢投资的朋友大概还记得，2008 年 4 月，在全球金融危机和紧缩性货币政策的影响下，中国 A 股已经步入了漫漫熊途，但就在 4 月到 5 月这短短 20 多个交易日中，农业版块的龙头——隆平高科，却从 13.11 元一口气涨到了最高价 47 元，涨幅超过 300％！为什么以隆平高科为首的农业股，会在这一时段的熊市中有这样突出的表现？

当我们放眼全球，才发现，粮价急剧上涨，2005—2008 年，全世界粮食价格上涨了 75％；仅在 2007 年一年，全球粮价就增长了将近 50％（参见图 2—1）。继 20 世纪 70 年代以后，又一轮粮食危机爆发，并引发了全球的动荡。

在索马里，数千人游行，抗议粮价过高，从而发生了骚乱；在印度加尔各答发生了大罢工，人们走上街头抗议粮价飞涨；在海地，总理因为控制粮价不力被免职，海地的维和士兵在街头骚乱中被杀；在埃及，物价上涨引发多个地区骚乱。

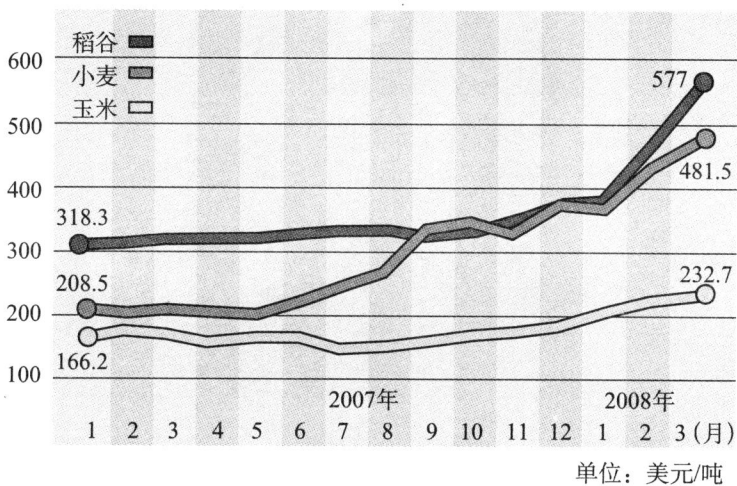

稻谷 ■
小麦 ▨
玉米 ▢

600
577
500
481.5
400
318.3
300
208.5
232.7
200
166.2
100

2007年   2008年
1 2 3 4 5 6 7 8 9 10 11 12 1 2 3（月）

单位：美元/吨

图 2—1　国际粮食月均价格走势

索马里因粮食危机发生骚乱

第二章 ◦ 唯一可取还是需要谨慎？ ←

饥饿的儿童

发生骚乱的国家和禁止粮食出口的国家

国际货币基金组织和世界银行火上浇油，发表了"警告"①：

国际货币基金组织（IMF）总裁多米尼克·斯特劳斯-卡恩12日说，粮食价格飞涨可能给世界带来"可怕后果"。

---

① 冯武勇：《两大国际金融组织就粮价飙升发出警告》，载《新闻晨报》，2008－04－14。

"如果粮价继续当前的走势，后果可怕，"斯特劳斯-卡恩说，"数以万计的人们将陷入饥饿境地……最终导致经济环境的破坏。"

他警告说，这种情况如果得不到缓和，国际社会过去5至10年的发展成果将毁于一旦，由此产生的社会动荡在极端情况下会导致战争。

世界银行同一天发表声明说，加勒比海国家海地因粮价飙升引发的社会危机显示，国际社会必须立即着手解决粮食问题。

形势显得如此紧急，似乎粮价高涨引发的战争已经迫在眉睫，连欧美等发达国家，最大的粮食出口国们，竟然都在限购粮食。

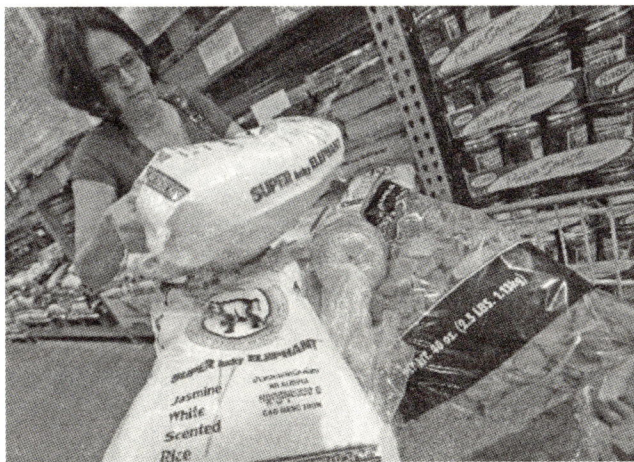

2008年4月24日，一名顾客在美国弗吉尼亚州阿林顿的好市多超市内选购大米。随着国际期货市场大米价格屡创新高，美国最大的仓储式会员制销售商好市多仓储公司旗下的一些超市已开始限制大米和面粉的购买量。

资料来源：新华社/路透社。

这一切为何会发生？是不是像有些国家所称，因为中国和印度等国家对粮食的需求推高了国际粮价？对此，联合国粮农组织的高官发表了自己的评论。①

————————

① 《联合国粮农组织高官：大米市场年内将出现好转》，载《第一财经日报》，2008-04-11。

《第一财经日报》：就联合国粮农组织目前掌握的情况，在您看来，本轮大米价格上涨的主要原因是什么？

何昌垂：对此问题有各种说法，但联合国粮农组织认为，目前大米价格上涨的原因是多方面因素造成的，并不是像有些人所说的是由于中印粮食需求的上升而促成的。

首先，农业生产成本的上升，明显源于石油价格的上涨。

第二个原因是，灾害性天气所导致的农产品总产量下降。

第三个原因在于，全球谷物库存的急剧减少。

发展生物能源对国际粮食市场价格也有冲击。

当然，我们也注意到，目前出现了一些囤积现象和投机行为，引起了市场不必要的恐慌。

【链接】何昌垂，博士，FAO助理总干事兼驻亚太地区总代表。

何博士在采访中谈到，国际油价2002—2007年上涨了4倍，由此导致化肥价格上涨了2倍。化肥在农业成本中所占比重达到10%以上，因此油价推升了农产品生产成本，提高了农产品运输成本，从而导致了粮价的上涨。他还从自然灾害导致减产、出口国限制出口而进口国增加采购力度等方面进行了分析。

看来，粮食危机之所以产生，有"天灾"的原因，但更根本的原因是"人祸"。

第一，美国与伊拉克之间的战争，直接推高了世界石油价格，石油价格从战前的25美元/桶涨到2008年底的100美元/桶。诺贝尔经济学奖得主斯蒂格利茨在《三万亿美元的战争——伊拉克战争的真实成本》一书中深入分析了这个问题，指出，美国发动的这场战争，由于推高了世界石油价格，给全球经济体带来了1.1万亿美元的直接成本，这些成本由全球经济体承担。石油成本的飞涨，推动了化工产品价格、运输价格，从而推高了全球粮价。

第二，美国发展生物能源对国际粮食市场产生了冲击。美国为减少对外石油依赖，大力发展生物能源计划。按美国目前的技术水平，一辆最普通的家用吉普加满一箱油需耗用 200 公斤玉米，相当于非洲穷国布基纳法索一个成年男子一年的口粮。2007 年美国所产玉米的 27％变成了乙醇；2008 年用于生物燃料的玉米数量上升到玉米产量的 28％，达到 1.14 亿吨。按照美国的《新能源法案》，美国还要大幅度增加生物能源的使用量，到 2022 年生物燃料的使用将达到 1.16 亿吨。生物柴油迅猛发展则消耗了大量植物油资源。欧盟也是生产和消费生物柴油的主要地区。欧盟生物柴油的消费量 2005 年为 303 万吨，2006 年为 544 万吨，2007 年为 690 万吨，2008 年达到 1 154 万吨。欧美的所谓"生物燃料"烧掉了相当于 5 亿人的口粮。联合国官员就此严厉抨击，即使美国产出的所有粮食全部转化为生物燃料，也仅够全美 18％的汽车所需，因此使用粮食生产燃料是一项"反人类的罪行"。[①]

第三，金融资本推波助澜。华尔街当然是个中高手，在世界石油供给和需求并无明显变化的情况下，他们能够在 12 个月中，把石油价格从 70 美元/桶推高到 140 美元/桶，他们也能够在供需没有发生明显变化的情况下，在一年中把大米价格从 200 美元/吨推高到 500 美元/吨。在粮价最疯狂的 2008 年 3 月，作为全球大米价格基准的泰国大米，头一天的价格还是 580 美元，第二天的报价就能达到 760 美元，一夜之隔价格就能上涨 30％，最后逼近 1 000 美元大关。

---

① 参见江涌：《直面世界粮食危机：一场"沉默的海啸"不期而至》，载《求是》，2008 - 07 - 04。

第四，美国和欧盟等发达国家对农业的大量补贴，严重伤害了发展中国家的粮食生产。从 2002 年美国通过的为期五年的农业法案来看，美国每年对农业的补贴高达数百亿美元。欧盟也不例外。这些国家高额的农业补贴使得它们的农产品可以以非常低廉的价格向发展中国家倾销，从而压制发展中国家本身的粮食出口和贸易。非洲联盟委员会主席科纳雷曾指出："富国对农业的补贴是发展的障碍，它削弱我们的经济，让我们的农民变得越来越穷。"他说，农业是带领非洲走出贫困的唯一途径，现在却遭到富国产品入侵的严重打击。世贸组织总干事拉米在谈及目前的粮食危机时也承认，富国的农业补贴扭曲了农产品贸易，伤害了发展中国家的粮食生产。[①]

现在，当我们回首 2007、2008 年，我们发现油价并没有一路上涨，而是从 140 美元的高位暴跌了下来，一口气跌到了 35

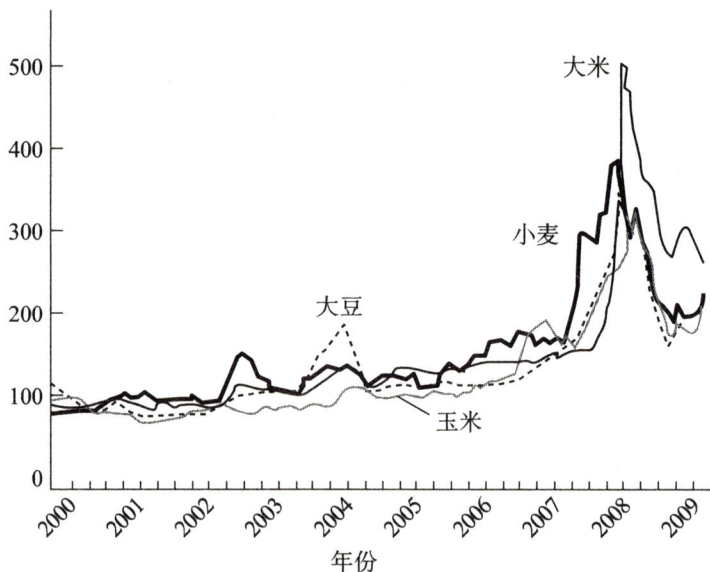

图 2—1　粮食价格（2000 年 1 月—2009 年 5 月）（单位：美元）
资料来源：UNCTAD 贸易与发展报告，2009 年，第 47 页。

---

① 参见《追溯全球粮食危机根源》，2008－05－01，见新华网。

美元；在随后 6 个月里，又从 35 美元翻倍——涨到了 70 美元。而这期间，世界各地的原油供应没有受到任何严重的干扰。

粮价，当然也没有一路上涨，而是像油价一样，经历了一个陡峭的波峰以后，暴跌了下来。

中国有没有粮食危机？

2007 年我国的粮食总产量突破 1 万亿斤，能满足传统习惯需求，根本不存在所谓粮食紧缺问题，而且这仅是在传统小农经济条件下提供的粮食。

——河北省社会科学院副院长杨思远

我国现在的水稻、玉米、土豆等主粮在现代的技术下面，至少 10～20 年内根本不会短缺，而且还有很大的增产潜力，甚至是净出口国。河北东关县古树于合作社合作化后通过土地平整可以把一亩地的单产提高 20%，还可以使土地利用面积增加 10%，这样在没有国家一分钱投入的情况下，合作社就可以使农产品的产量提高 30%。

——"三农"问题学者，《我向总理说实话》作者李昌平

温家宝总理在 2008 年视察河北农村时更是明确指出：中国的粮食储备是充裕的，中国人完全有能力养活自己。[①]

中共中央政治局常委、国务院总理温家宝 2008 年 4 月 5 日至 6 日在河北考察农业和春耕生产时指出，手中有粮，心中不慌，中国的粮食储备是充裕的。中国人完全有能力养活自己，一个拥有 13 亿人口的大国依靠自己解决吃饭问题，就是对世界最大的贡献。

---

① 李斌：《温家宝考察河北农业生产，称中国粮食储备充裕》，见新华网，2008－04－06。

温总理强调，中国的粮食储备是充裕的，国家现有 1.5 亿吨到 2 亿吨的储备粮，库存水平比世界平均水平多一倍。我国连续多年粮食丰收，只要不发生大的自然灾害，能够保持粮食生产的基本稳定。

推广转基因作物是解决粮食问题的"唯一出路"?

现在没有危机，不等于永远没有危机，未雨绸缪，防患于未然是我们应有的做事方式，也是我们这个负责任的大国应有的作为。转基因支持者据此指出：推广转基因作物是解决中国粮食问题的唯一出路。

杨晓光认为，转基因技术对解决人类目前资源短缺、人口过多的现状是"唯一可取"的技术。他预计，转基因水稻安全生产证书颁发之后，再经过后续的品种审定、加工证书、经营证书等程序后，预计我国的市场需求将更紧迫，"很可能我们国家在不久的将来，成为世界上种植转基因水稻面积最大的国家"。①

☞ **【链接】**杨晓光，农业转基因生物安全委员会委员、中国疾控中心营养食品安全所研究员。

杨晓光研究员是农业部转基因生物安全委员会的委员，他的认识不知是否代表农业部转基因安委会的认识。如果说，认定转基因技术是解决中国粮食问题的"唯一可取"技术，意味着我们至少可以据此得出四个结论：

- 转基因食品是绝对安全的；
- 传统育种已经没有增产空间；

---

① 《专家：中国或成世界最大转基因水稻面积种植国》，见人民网科技频道，2009 - 12 - 25。

● 转基因技术可以长时间内大幅提高作物产量；

● 粮食问题仅与作物产量有关，与制度问题、土地问题等无关。

关于转基因食品的安全性，看过第一章的读者对各种针锋相对的争论可能依然记忆犹新，在此就不再啰嗦。

（1）传统育种已经没有增产的空间？

在中国杂交水稻之父袁隆平的带领下，中国水稻亩产已经达到 800 公斤，正在向 900 公斤攻关，袁隆平表示有信心在 90 岁以前将杂交水稻亩产提高到 1 500 公斤。[①]

"中国人完全有能力自主解决吃饭问题。"2009 年 5 月 26 日，在中国稻作文明发祥地浙江余姚，"杂交水稻之父"、中国工程院院士袁隆平表示，粮食问题不仅关系"三农"，更关系国民经济的命脉；粮食库存不仅具有应急和战略储备的功能，也是国家的调控手段。

············

《21 世纪》：目前我国水稻亩产在什么水平？

袁隆平：全国水稻平均亩产为 420 公斤，比日本亩产低 20 公斤。但我国杂交稻种植面积达 2.5 亿亩，亩产 480 公斤，比日本高了 40 公斤。

我们第一期超级稻，已经推广 3 500 万亩左右，比日本全国水稻种植面积还大，平均亩产是 550 公斤，比日本高了 100 公斤以上。

《21 世纪》：你曾提出，超级杂交稻亩产量要提高到 1 000 公斤？

袁隆平：水稻的光能利用率为 5%，也就是说，阳光辐射

① 《袁隆平：挑战亩产 1 500 公斤，有信心 90 岁之前完成》，载《21 世纪经济报道》，2009 - 05 - 27。

的能量中有5％可以转化为有机物。我们按照光能利用率2.5％来计算，根据长沙在水稻生长季节的辐射量，得出的结论是，亩产最高可达到1 500公斤。

按照我们的进度，2000年超级杂交稻第一个阶段达到亩产700公斤。第二个阶段亩产800公斤，在2004年实现了。我们现在向第三期亩产900公斤攻关，计划2015年实现，争取提前两到三年。

《21世纪》：试验顺利吗？

袁隆平：我们在小面积的试验田里已经实现了。今年在中南6省安排了11个百亩片，进入大范围中试阶段。我有信心在90岁之前，挑战亩产1 500公斤的纪录。

从亩产800公斤增产到900公斤，增产幅度是12.5％，这样的增产幅度已经在袁院士的试验田中实现，而如果从亩产800公斤增产到1 500公斤，增产幅度将为87.5％。

2010年初，中国科技界发生了一件不寻常的事情，一个河南农民，一个被别人嘲笑为"神经病"，对老婆孩子不管不顾，把自己的麦田看得比命还重要的"一根筋"的农民，在人民大会堂捧得了"国家科技进步二等奖"的奖杯。[①]

吕平安，河南省温县祥云镇喜合村人。这个初中毕业，后来拿到河南农大大专文凭的普通农民，在自家责任田里，先后培育出了10多个小麦高产优质新品种（系）。其中，豫麦49、平安6号获国审，豫麦49—198、平安3号、平安7号获省审，在千里黄淮麦区，累计推广种植面积1.84亿亩，增产小麦73.6亿公斤。不久前，他又被评为"河南省农业科技先进人物"。

国家小麦工程技术研究中心副主任郭天财教授说："河南小

---

① 崔春冬：《吕平安：创造小麦育种奇迹》，载《光明日报》，2010-01-22。

麦连续五年大丰收，优良品种在所有增产要素中所起的作用是第一位的，其中以豫麦49—198为代表的优良品种，对小麦增产的贡献率达40%。"

著名小麦遗传育种专家李振声院士指出："小麦生产再发展，要有一批过硬的领航品种，豫麦49—198代表了这一方向。"

一个普通农民，在小麦育种上取得了令人瞩目的成就，为保证国家粮食安全作出了自己的贡献，许多人说："这是一个奇迹。"

这是奇迹吗？这是奇迹。不过这个奇迹是用热情、责任感和执著的努力浇灌出来的，所以我们相信，这样的奇迹还会发生。看来，"传统育种没有增产空间"，这个结论下得有点匆忙。

（2）转基因作物可以长时间大幅度提高产量？

目前全球大多数转基因作物植入的是抗除草剂基因，而非增产基因。也就是说，当农田中喷洒除草剂的时候，田里的其他植物统统被杀死，但抗除草剂的转基因生物却安然无恙。美国、阿根廷、巴西所种植的转基因大豆，绝大部分就是这样的"农药杀不死"大豆，而不是"有增产基因"的大豆。美国农业综合企业开发商业化转基因作物的初衷并非在于增产，而在于销售配套除草剂。

转基因研究者认为其所研发的转基因水稻，产量提高的比例在6%～9%。

中国科学院农业政策研究中心主任黄季焜在接受记者采访时还表示，转基因抗虫水稻比非转基因水稻产量高出6%～9%，因为减少病虫害所减少的损失，相当于提高了产量。

当然，转基因抗虫水稻是否可以稳定地带来产量的增加，或许还需进一步观察。①

---

① 于达维：《转基因水稻：商业化前夜》，载《新世纪》周刊，2010－02－20。

华中农业大学介绍:"我校研发的'华恢1号'和'Bt汕优63'品系主要优点是控制导致水稻减产的主要害虫。试验证明可减少80%化学农药用量,提高约8%的产量。"①

而反对者则表示:

"转基因作物能不能增产,看美国的例子就知道了。"蒋高明说,美国是掌握转基因技术最早、最多的国家,其技术远比中国先进,但该国粮食总产量仅3.63亿吨,远低于中国的5.01亿吨;中国粮食单产为278公斤/亩,美国只有125公斤/亩。

美国拥有全球最先进的农业技术包括转基因技术,耕地还比中国多11亿亩,为什么其粮食无论单产还是总产,反而不如中国呢?

蒋高明说,国内转基因的专家声称,他们的转基因水稻能够在现有的基础上提高产量约8%,如果是和普通水稻比较,这个增产幅度相对于其巨大的生态风险是可以忽略不计的。②

影响粮食产量的因素包括"水、土、肥、种、密(合理密植)、保(植物保护、防治病虫害)、管(田间管理)、工(工具改良)"八个方面,转基因仅在"种"上做文章,又怎么能说是"唯一可取"呢?

《第一财经日报》2010年1月5日报道了云南省农科院进行的一项新肥料试验,水稻、玉米的标准试验和大田试验都取得了非常明显的增产效果,9亩水稻增产幅度高达21.55%。从云南省农科院试验所使用肥料的成分构成来看,氮磷钾含量不足10%,有机质含量丰富,能起到很好的改良土壤的效果。这

---

① 傅勉:《转基因作物提高产量是否美丽神话?》,载《第一财经日报》,2010-02-23。

② 蒋高明:《转基因水稻商业化种植应当慎行》,载《中国周刊》,2010-02-22。

项试验说明一个道理，肥料的改进、土壤的改良在提升粮食产量上还有很大的潜力可挖。

中国农业大学张卫锋博士是农田养分综合管理的专家，他们的研究团队已经进行了大量的肥料管理实践，在不增加化肥投资的情况下，通过调整氮、磷、钾的使用比例，起到了明显的增产增收效果。一些农户由于缺乏科学施肥技术，往往是以高肥换取高产，经济效益很低。科学家通过向农民直接传授农田养分综合管理知识，不仅实现了"减肥"（减少肥料使用），还达到了"增产"。

美国 2030 研究所的文佳筠博士则通过大量调研得出：土壤中的有机质含量每上升一个百分点，每公顷的粮食产量就能提高 430 公斤。

著名经济学家，地缘政治学家，《粮食危机》一书作者恩道尔先生面对记者的提问，则明确回答："中国不需要转基因技术来解决吃饭问题。"[①]

《第一财经日报》：过去 50 年中国人口翻番，超过 13 亿，一些科学家表示面对日益增长的人口，转基因生物技术能够提高粮食产量，因而是解决粮食问题的良方。但是您提出转基因生物技术不能提高粮食产量，如何理解这一结论？转基因生物对人类而言是必不可少的吗？

恩道尔：中国现在最大的财富是拥有大量富有活力和成长性的人口，与之相对应，欧洲的人口却日渐衰退。随着一个国家平均生活水平的提高，家庭人口的数量将自动减少，因此虽然过去 50 年中国人口翻番，但是未来 50 年中国人口不会再度成倍增长，中国不需要转基因生物来解决人口的吃饭问题。

需要明确的是，还没有科学而且独立的证据表明转基因作

① 傅勉：《对话威廉·恩道尔：中国不需要转基因技术解决吃饭问题》，载《第一财经日报》，2010－02－23。

物比传统农作物产量更高。恰恰相反，多项试验以及美国和加拿大农民的亲身经历表明转基因作物的产量比传统玉米、水稻和大豆更低。宣称转基因种子是解决世界饥饿问题不二法门的正是拥有转基因种子专利的孟山都公司和杜邦公司以及洛克菲勒基金会，它们是整个转基因生物计划的始作俑者。当今世界还没有一项转基因生物技术是保持稳定的。

(3) 粮食问题仅与作物产量有关，与制度问题、土地问题等无关？

黄大昉研究员认为，"只有转基因技术才能解决中国的粮食问题"。

中国农业和转基因技术的关系是什么呢？我认为，只有转基因技术才能解决中国的粮食问题。

有数据统计，到 2020 年的时候，中国的人口要在现有基础上增加 1.4 亿，这就意味着粮食产量还要增加四分之一才够吃。但是，中国 18 亿亩的耕地红线不再减少已经很困难了，想要增加几乎不可能，因此只有提高单位的粮食产量才能满足需求。

1998 年的时候，全国粮食产量超过 5 亿吨，达到了历史的最高水平。但是之后，每年粮食产量都在下跌，国家出台了很多利农政策，但直到 2007 年的时候粮食产量才恢复到 5 亿吨，2008 年时达到 5.28 亿吨。我们用了 10 年的时间才使粮食产量维持了历史水平，剩下不多的时间该怎么办？

中国的科研工作者把未来的砝码压在了转基因技术上，这同时也是世界各国最为关注的方向。[①]

反对者则认为，中国粮食产量自 1998 年以来每年都在下降这一说法是站不住脚的，1998 年以来每年下降的是耕地面积，10 年来耕地面积减少了超过 1 亿亩，而粮食产量自 2003 年以

---

① 黄大昉：《转基因解决粮食问题》，载《北京科技报》，2009-08-03。

来都在逐年增长，无论是粮食单产，还是水稻、小麦的单产平均增幅都接近或超过 8%，小麦单产增幅甚至超过 20%。也就是说，现有单产的提高，已经超过了转基因支持者所宣称能够达到的增产比例（参见图 2—2～图 2—6）。

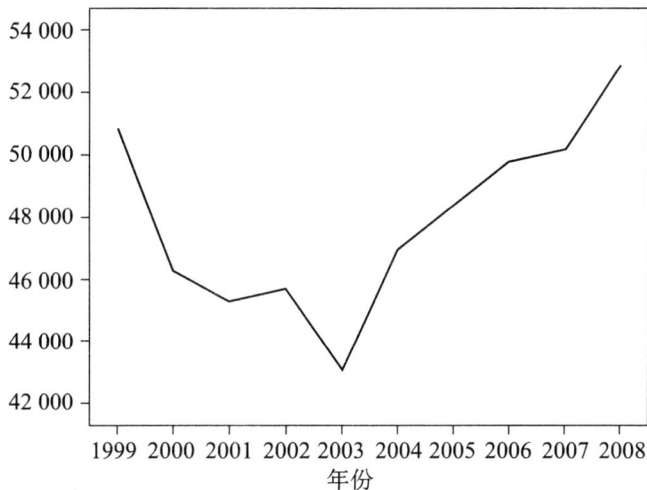

图 2—2 1999—2008 年我国粮食产量（单位：万吨）

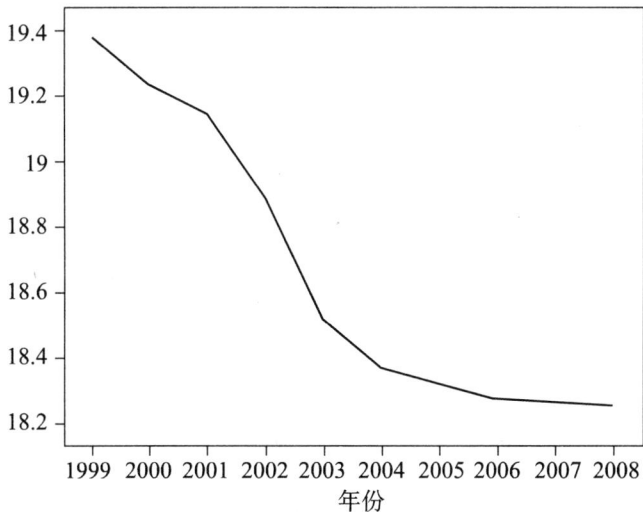

图 2—3 1999—2008 年我国耕地面积（单位：亿亩）

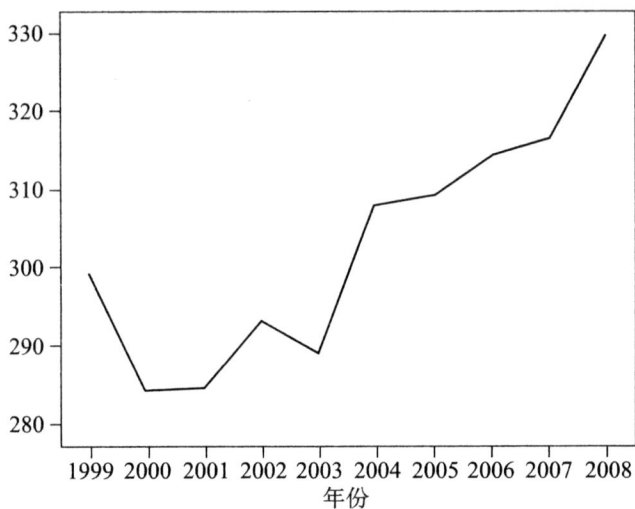

图 2—4　1999—2008 年我国粮食单产（单位：公斤）

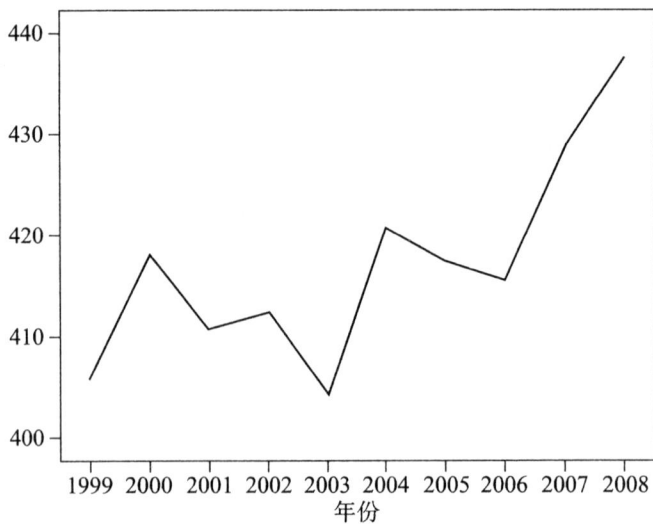

图 2—5　1999—2008 年我国稻谷单产（单位：公斤）

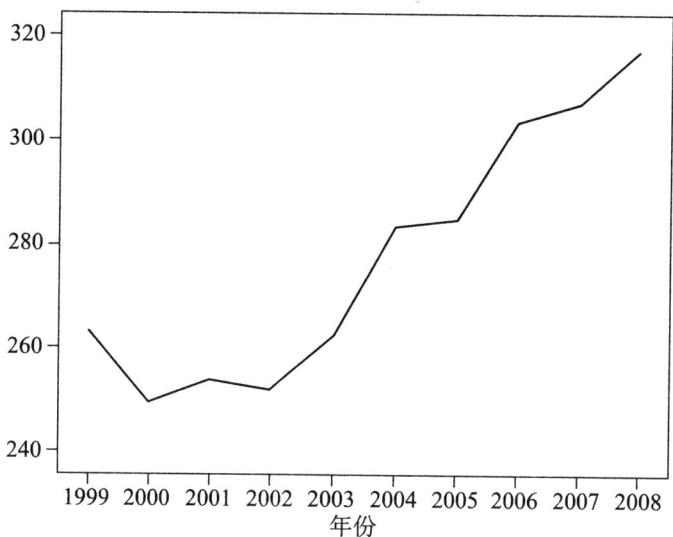

图 2—6　1999—2008 年我国小麦单产（单位：公斤）
资料来源：所有数据均来自农业部统计，见农业部网站。

按照目前的科技水平测算，0.7 亩耕地才能养活一个人，即人均耕地不能少于 0.7 亩。联合国给出的人均耕地警戒线为 0.8 亩，但我国 2 000 多个县级城市中，有 666 个县人均耕地低于警戒线，其中 463 个县人均耕地甚至不足 0.5 亩。即使这样，我国的耕地资源仍然在持续减少。国土资源部的数据显示，截至 2008 年 12 月 31 日，我国耕地面积为 18.257 4 亿亩，其中建设占用耕地达 287.4 万亩；经卫星核查，"十五"期间全国耕地面积净减少 616 万公顷，其中不可逆转性的建设占用耕地 219 万公顷，年均新增建设用地 43.8 万公顷。[①]

"由于农民种粮积极性下降，投入减少，我国粮食生产一度陷入徘徊不前的局面。"河南省社科院副院长喻新安告诉记者，

---

① 参见叶剑平、张有会：《一样的土地，不一样的生活》，北京，中国人民大学出版社，2010。

"1998年到2002年的五年间，中国粮仓河南夏粮总产徘徊在400亿斤上下，一直没有超过1997年440亿斤的夏粮总产量。"

近几年来，中央连续下发5个指导农业农村工作的1号文件，明确采取"工业反哺农业，城市支持农村"和"多予、少取、放活"等一系列重大方针政策，有效调动和激发了农民务农种粮的积极性。[①]

中国人民大学的郑风田教授指出，目前由于粮食价格低，农民种粮积极性不高，有些能种三季稻的地方现在只种一季稻，还有大量土地被抛荒，如果能够提高农民种粮积极性，对抛荒土地恢复耕作、提高复种次数，某些地方的粮食产量甚至可以成倍增加。

可以看出，中国目前在"从未批准任何一种转基因粮食种子进口到中国境内种植，在国内也没有转基因粮食作物种植"的情况下，粮食单产稳步提高。威胁粮食安全的，是耕地面积的不断减少，是农民种粮积极性的挫伤，是土地在各种农药、除草剂等化学物品侵蚀下的严重退化等问题。而这些问题的解决，依靠的是政策和制度，而不是某种单一的技术。

国产大豆败给了转基因大豆？

【背景回放】

中国是大豆的原产地，是世界上最早栽培和种植大豆的国家，也是野生大豆品种最丰富的国家。大豆的种植在中国已经有四五千年的历史，在殷商的甲骨文上就有记载，

---

① 訾红旗、顾立林：《惠农政策调动农民种粮积极性，确保国家粮食安全》，见新华网，2008-06-19。

当时的"王"问占卜者："什么时候播种大豆最合适？"到了西周时期，大豆已经是重要的粮食作物了。在漫漫历史长河中，大豆一直和茶、丝一起作为中国最具有代表性的商品出口到世界各地。而且，在长期的耕作中，古代中国人民还发现，大豆和其他作物轮作或间种、混种、套种，不仅可以以豆促粮，还可以保持和提高地力。

一直到1995年以前，中国都是大豆的净出口国。但是自1995年以后，中国不断进口美国、阿根廷、巴西等国的转基因大豆，且进口量在1999年以后飞速上涨。目前，中国已经是世界第一大大豆进口国，然而却几乎完全没有大豆的定价权，只能被动接受美国芝加哥期货交易所形成的国际大豆价格。而国内的大豆产业已经濒临崩溃。我国的大豆主产区黑龙江，2010年初，70多家规模以上大豆加工企业几乎已经全部停产并且停止收购国产大豆。[①]

有人说，国内大豆产业的失败，是国产大豆对转基因大豆的失败，要扭转败局，避免其他粮食作物遭受同样的命运，唯一的办法就是在国内推广转基因大豆和其他转基因作物的种植。

而20世纪90年代以来的大量媒体报道以及郎咸平教授、中国农业大学苗水清等人的研究，却揭示出完全不同的结论。

中国提前WTO规定5年，将大豆进口关税降到了3%。就在中国开始大量进口转基因大豆的1999年左右，中国农民种大豆是赚钱的，同时美国农民种转基因大豆却是赔钱的，不仅赔，而且赔得很厉害，生产成本比价格高30%。美国政府给予了大量名目繁多的补贴，以鼓励农民种植。美国大豆种植面积不减

---

① 参见李宾：《黑龙江大豆产业链崩溃：上百家豆企大多停工停产》，载《中国经营报》，2010-03-13。

反增，从 1997 年的 2 833 万公顷增长到 2000 年的 3 006 万公顷。[①] 2004 年，美国农业部相隔 4 个月发布了两份截然不同的报告，先预测国际大豆产量 27 年最低，又发布报告称大豆产量 27 年最高，国际大豆价格暴涨暴跌，高位进口大豆的中国加工企业纷纷破产倒闭，国际粮商此时在中国展开大规模兼并收购，控制了中国的大豆压榨行业，控制了中国大豆 80% 以上进口货源。

从这些事实，似乎看不出来扭转大豆败局的唯一办法是发展转基因大豆，反而在国际贸易、国际金融领域引发了人们的深思。

转基因与生态环境

转基因作物与农药

转基因作物因为植入了抗虫基因，因此能大幅度减少农药的使用，这是转基因支持者认为转基因作物所具有的主要优势之一。

化学农药残余量过高，一向是食品安全的一大隐患。种植 Bt 转基因作物可以不用或少用农药，不仅可以节省费用，还可以避免农药污染，对保护环境和身体健康，都是大有好处的。从这个意义上说，Bt 转基因作物更环保、更安全、更绿色。[②]

——方舟子

对中国的亿万农民而言，发展转基因水稻的最大好处就是转基因水稻品质上升带来的价值提升和抗病害或抗虫害能力增

---

① 参见苗水清、程国强：《美国大豆补贴政策及其影响》，载《中国农村经济》，2006（5）。

② 方舟子：《转基因水稻杀虫不害人，农药更有害》，载《中国青年报》，2005－04－20。

加，从而减少农药使用带来的支出，让农民们能够获得实实在在的经济利益。

——孔祥智，中国人民大学农发学院教授

经过农业转基因生物安全委员会评审，农业部1997年首次批准了转基因抗虫棉花的商业化种植。……（长时间研究发现，种植了抗虫棉以后）在全国范围内有效控制了棉铃虫和红铃虫的危害。棉铃虫和红铃虫是我国棉花生产的主要害虫，以往棉农防治棉铃虫一年需要打药10次到20次，大量用药导致农民成本提高、收益减少、人畜中毒、环境污染、天敌减少、害虫对农药产生抗药性等一系列问题。种植转基因抗虫棉之后，品种本身就具有良好的抗虫效果，一般只需要打药2次到5次，就能有效控制这两种主要害虫，不仅棉花上农药用量减少达70%以上，而且大豆/玉米/花生上棉铃虫的数量也显著减少。[①]

——彭于发，中国农业科学院植物保护研究所研究员、
农业转基因生物安全委员会委员

反对者则直接指出，抗虫转基因作物开始几年时确实会减少农药使用，但随着次生虫害的增加和昆虫抗药性的增加，农药的使用不仅不会减少，反而会大量增加。

例如，美国有机中心研究所的报告指出，种植转基因作物后，1996—2008年美国农药使用量大大增加。这一研究指出，转基因作物推出前3年，农药使用量确实有所减少。但最近几年由于耐除草剂作物的大面积种植，农药需求量急剧增多。过去13年耐除草剂作物上的除草剂使用量总共增加了3.826亿磅

---

① 彭于发：《种植抗虫转基因棉花和水稻对生态环境有利》，见农业部网站，2010-03-04。

（即 1.735 亿公斤），其中 2008 年比 2007 年增加了 46%。[①]

中美两国科学家关于中国转基因棉花的长期跟踪调研也揭示了类似的问题。这是中国科学院农业政策研究中心和美国康奈尔大学合作的项目，也是世界第一个对转基因棉花种植状况进行长期跟踪和评估的课题。这项历时 7 年的研究表明，尽管 Bt 转基因棉花能有效控制棉铃虫，但长期种植会导致其他害虫肆虐，这使得中国种植的 Bt 转基因棉花长期经济性不如预想。

中美两国科学家对中国 481 户棉农历时 7 年的长期跟踪调研后发现：这些农户在种植转基因棉花的第三年经济效益最大，他们的平均杀虫剂用量比种植普通棉花者低 70%，而收入要高出 36%。

但情况从第四年开始发生逆转。转基因棉花尽管抑制了棉铃虫，但它无法杀死盲蝽等其他害虫，导致盲蝽侵害棉田。当年转基因棉花种植户杀虫剂用量上升，投入成本比普通棉花种植户高了 3 倍，而他们的收入却低了 8%。到第七年，转基因棉花种植户所使用的杀虫剂，已明显高于普通棉花种植户，加上转基因棉花种子成本也较高，使棉花种植户的收入大幅下降。[②]

绿色和平组织在 2010 年 1 月最新发布的报告中指出，在 6～10 年的时间跨度上来看，转基因作物导致农药使用的增加而不是减少。

我国转基因棉花种植过程中次生害虫频发，日渐成为主要害虫，致使农药使用量大增。

---

① 参见《转基因作物对农药需要量存争议》，载《农资与市场》，2010-01-18。
② 贺涛、贾鹤鹏：《盲蝽蟓：小昆虫挑战高科技》，载《科学新闻》，2008-10-31。

研究显示，阿根廷转基因大豆施加的草甘膦的总量从 1998 年到 2004 年增加了 56 倍。转基因作物的种植使得 1996 年到 2008 年美国农药使用量增加了 14.44 万吨。

我国转基因棉花种植过程中对于黄萎病和枯萎病更加敏感，造成大规模的减产。其中，2009 年江苏盐城大丰市转基因棉花 55 万亩，近 40 万亩有黄萎病，其中 3 万亩棉花死亡，病情严重的田块减产七成。[①]

转基因作物与生物多样性

（1）害虫剿灭，益虫增多？

什么是生物多样性？生物多样性指的是地球上生物圈中所有的生物，即动物、植物、微生物，以及它们所拥有的基因和生存环境。

简单地说，生物多样性表现为千千万万的生物种类。

生物多样性为人们提供了食物、纤维、木材、药材和多种工业原料，在保持土壤肥力、保证水质以及调节气候等方面发挥了重要作用。

某一物种一旦消失，就永不再生。消失的物种不仅会使人类失去一种自然资源，还会通过食物链引起其他物种的消失。生物多样性不仅对经济持续发展具有重要意义，而且对子孙后代、对人类的未来具有重要意义。

因此，环境保护专家们总说"生物多样性"对他们来说是不可讨论的原则。

……（转基因作物）为天敌和益虫提供了良好的环境条件，农田生物多样性更加丰富。由于减轻了农药对害虫天敌和有益

① 绿色和平组织：《转基因作物的经济代价》，2010-02。

昆虫的伤害，瓢虫/草蛉/蜘蛛和寄生蜂等害虫天敌和有益昆虫的数量几倍到几百倍地增加，抗虫棉田及其周边生物多样性更加丰富多样，有利于农田环境保护。[①]

——彭于发

《科学时报》：蜜蜂是上千种水果、蔬菜、鲜花和谷物的主要授粉工。我注意到有文章引用来自国外关于蜜蜂的资料显示，有些种植转基因作物的地里，蜜蜂的数量减少了一半。那么，在国内的相关研究中有没有类似结论？转基因作物大面积推广之后，会不会对其他生物包括微生物有影响？

彭于发：迄今为止，国内大规模种植的转基因作物主要是抗虫棉花，尚没有看到文章或者文献报道说国内外的转基因抗虫棉对自然环境中的蜜蜂或者传粉昆虫有不利影响。[②]

根据彭研究员的文章和发言，我们可以得出结论：种植转基因作物，生物多样性不仅不会受到威胁，还会更加丰富。

不过彭研究员的国内国际同行的其他研究揭示了不同的结论。

国家环保总局南京环境科学研究所 2006 年 6 月 3 日在北京公布了一份关于转 Bt 抗虫棉环境影响研究的综合报告。报告称，转基因棉田里，棉铃虫的一类天敌寄生蜂的种群数量大大减少；昆虫群落、害虫和天敌亚群落的多样性和均匀分布都低于常规棉田。

负责这份报告的专家薛达元说，转基因棉田中某些昆虫比例占优势的情况比较明显，昆虫群落的稳定性不如常规棉田，

① 彭于发：《种植抗虫转基因棉花和水稻对生态环境有利》，见农业部网站，2010 - 03 - 04。

② 王卉、张巧玲：《转基因作物利弊专家谈：生物安全认识渐清晰》，载《科学时报》，2010 - 05 - 05。

发生某种虫害的可能性就比较大。

报告显示，转 Bt 抗虫棉对棉铃虫以外的害虫防治效果很差，某些害虫的发生比常规棉田要严重，甚至上升为主要害虫，危及棉花生长。[①]

瑞士研究人员曾经用吃过 Bt 玉米叶的蚜虫喂养草铃虫幼虫，结果草铃虫幼虫死亡。这是非常让人意外的。因为原本 Bt 毒蛋白对于草铃虫是无毒的，但不知为何，进入蚜虫体内了就变成了对草铃虫有害的分子形式。同样，用吃了 Bt 马铃薯叶的蚜虫喂养蚜虫的天敌瓢虫，瓢虫的身体状况和生殖状况下降了。[②] 这样的试验结果表明，本来只是针对某种害虫设计的转基因作物，也可能危害这种害虫的天敌，从而危害整个生物链。

欧盟环境官员们发现，转基因玉米会影响到蝴蝶尤其是著名的君主蝶的生长，也会威胁到其他益虫。于是他们做出裁定——转基因玉米种子会对环境造成不可挽回的破坏，其种植将带来无法让人接受的风险，并于 2007 年禁止销售转基因玉米。

转基因生物包含了从不相关的物种转入的外来基因。它们投放入自然环境后将像一般的生物一样繁殖，转移入其他的物种或者产生新的品种，改变了自然界中的基因资源。

这种对自然基因资源的改变很难被人为控制在最初投放的地区，并且是无法还原的。最令人担心的是，经过人类筛选的外来基因会令新品种比其他原生品种优越，大量繁殖，破坏了当地的生物多样性。

——伊莎贝尔·梅斯特尔，绿色和平组织生物安全项目主任

目前人类对待不希望的物种，如昆虫和草本植物，统统冠

---

① 《专家呼吁警惕转基因生物对环境的影响》，见食品伙伴网，2006－04－07。
② 参见沈孝宙：《转基因之争》，北京，化学工业出版社，92 页，2008。

以"害"或"杂",发明了剧毒的农药或除草剂灭杀而后快,不仅灭杀了有害的生物,也造成"害虫"或"杂草"的天敌生物灭绝,造成农田生物多样性急剧下降。其不良后果是,农药越用越多,害虫也越来越猖獗。

我们在山东平邑县开展了这样一个试验,在20亩试验田里,停止农药使用,改用诱虫灯让害虫"自愿上钩",捕获的"害虫"用来养鸡。结果令人兴奋:农田里严重危害花生、玉米的金龟甲等"害虫"得到控制,就连靠近试验地的庄稼也很少虫害。而在普通农田里,农民每亩施加两遍剧毒农药——绿英,一次是在种植时拌种,另一次是在花生长成后灌根。不计劳动力和健康成本,每亩花了80元,但害虫照样危害,收获时,每穴里照样有3~5个金龟甲幼虫。他们不得不提前收获花生,以便从虫口里抢粮。

用生态平衡的办法,害虫是越来越少的,生态环境是越来越改善的。但农药贩子、转基因的鼓吹者不喜欢这样的结果。转基因打乱生态平衡后,再通过大量农药使用,继续打乱生态平衡,转基因和农药成了棉花现代农业的新"二害"。

在农业生产上,必须尊重物种生存权,恢复生态平衡。对于"害"虫控制,不能将目光仅盯在化学防治上,或转基因技术上,还要考虑物理、生物甚至人类传统知识的贡献。不能像现在这样,头痛医头,脚痛医脚,将简单问题复杂化,继续干那种违背自然规律的傻事了。[①]

——蒋高明

（2）油菜变成超级杂草？

外源基因通过转基因作物或家养动物扩散到其他栽培作物

---

① 蒋高明:《转基因棉退化说明了什么》,载《第一财经日报》,2009-10-19。

或自然野生物种并成为后者基因的一部分，在环境生物学中我们称为基因污染，不喜欢"污染"这个词的专家们称之为基因漂移。

图 2—7 展现的就是一个转基因生物，在从实验室被释放到大自然中以后，如何像希腊神话中的特洛伊木马一样，因其所具有的优势基因，对其他物种造成侵略，最终导致其他物种灭绝的过程。[①] 这是 1999 年，科学家们用小型鱼类进行实验室模拟研究后，提出的假设。

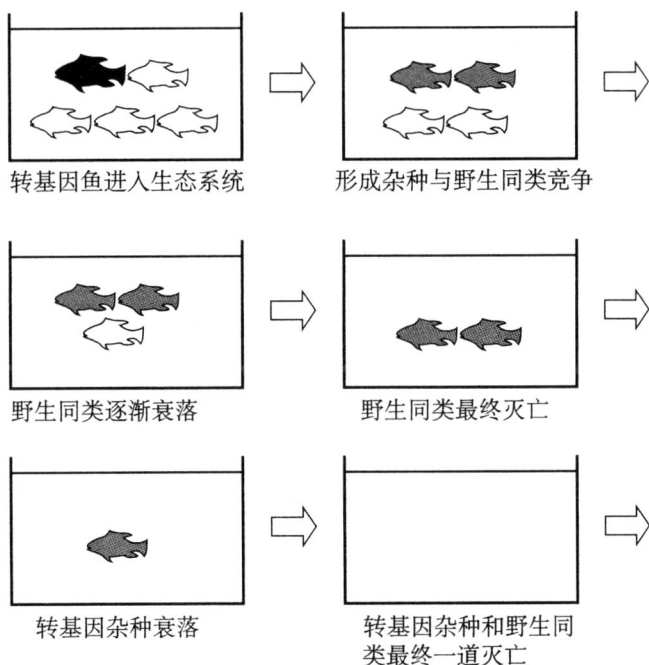

转基因鱼进入生态系统　　　　形成杂种与野生同类竞争

野生同类逐渐衰落　　　　　　野生同类最终灭亡

转基因杂种衰落　　　　　　　转基因杂种和野生同
　　　　　　　　　　　　　　类最终一道灭亡

图 2—7　转基因鱼类对环境鱼类种群影响的"特洛伊基因"假说

上图中，生长迅速，具有明显基因优势的转基因鱼（黑色）进入生态系统，与野生同类（白色）杂交，产生杂交鱼（灰色），杂交鱼逐渐取代野生鱼，最后自身种群也衰落了。

――――――――

① 见沈孝宙：《转基因之争》，92 页。

不幸的是，这样的假说渐渐发生在了现实中。在英国，小规模种植转基因作物的试验地周围，就发现了体内含有转基因蛋白污染的蜜蜂。美国转基因草莓种植地周围 50 米的野生草莓已经有 50％含有转基因，转基因向日葵附近的野生同类 25％～38％含有转基因。加拿大的转基因油菜有的已经变成除也除不掉的超级杂草，墨西哥"玉米妈妈"的圣洁也遭到了转基因玉米的玷污。

1995 年，加拿大开始商业化种植转基因油菜。但在随后的几年里，麻烦出现了。一方面，油菜的抗除草剂基因飘移到附近的杂草，杂草也变得具有了抗性，变成了除草剂无能为力的"超级杂草"；另一方面，收获时散落的油菜籽第二年重新萌发，但如果第二年这片田里种植的不再是油菜而是别的作物，那些萌发出的油菜也将成为"超级杂草"。这些"超级杂草"还会通过交叉授粉等方式，污染别的植物。

如今，这些杂草化油菜在加拿大的农田里已非常普遍。①

21 世纪初，美国得克萨斯州一个生产无公害绿色玉米的农场，所生产的玉米却被发现含有转基因成分。原来是因为附近种植了转基因 Bt 玉米。结果这家农场被迫将受到污染的玉米全部销毁，承担了巨大的经济损失。研究表明，转基因成分是通过交叉授粉传播的。美国大面积推广转基因作物，使许多非转基因作物的种子中含有了转基因成分。

两位学者奎斯特和卡普拉于 2001 年 11 月在《自然》发文，称在墨西哥南部 2000 年种植的地方品种中检测到转基因，而那一地区自 1998 年就禁止种植转基因玉米。该文引起轰动，人们由此更加担心转基因作物给生态环境造成威胁。

墨西哥是玉米的故乡，拥有丰富的玉米种类，农民们世世

① 参见《加拿大"转基因油菜超级杂草"事件》，见农博网，2007－09－13。

代代种植玉米，并以此为生。我们在《孟山都公司眼中的世界》这一独立导演所拍摄的纪录片中，看到了由于基因污染而产生的"怪胎"玉米，看到了农民们保护自己传统玉米种子的渴望。

一包叶子中长出了三耳玉米，通常，一包叶子只长出一耳玉米

该长玉米的地方长的却不知是什么

墨西哥基因被污染的玉米

对于国内人们针对转基因水稻提出的基因污染问题，张启发院士做出了回应：

> 野生水稻在我国属于濒危资源，除江西、广东、广西、云南等少数省份有国家建立的野生水稻专门保护圈外，我国已基本上没有自然状态下的野生水稻了。水稻是自花授粉植物，在稻田中的自然传播难以超过 1 米的距离。两种因素加在一起，转基因水稻的基因不可能漂移到野生水稻。[①]

不过，张启发院士只是说明了转基因水稻不会"漂移"到"野生水稻"，并没有回答转基因水稻是否会"漂移"到非转基

———————————

① 魏刚、陈永杰、李鹏：《转基因水稻不是魔鬼》，载《北京科技报》，2010 - 02 - 22。

因水稻上面。而其他研究者则没有张院士这么乐观，他们纷纷撰文指出，转基因水稻不仅可能污染野生水稻，也可能污染其他水稻资源。

虽然水稻被认为是严格的自花授粉作物，但普通野生稻的异交结实率却相对较高，说明栽培稻和野生稻之间的基因漂移是客观存在的。从我国栽培稻的种植区划和野生稻的分布范围看，二者之间明显存在重叠区域。特别是我国南方野生稻主要分布区恰恰是栽培稻种植面积最大的区域。因此，一旦转基因水稻品种获得释放，转入水稻的某些基因可能通过有性杂交漂移到野生稻中。[1]

——杨庆文，中国农业科学院作物品种资源研究所

薛达元研究员也在论文中明确说明了转基因水稻对遗传多样性的可能影响。

转基因水稻的潜在风险主要来自花粉的传播，导致异交而发生转基因水稻外源基因的逃逸，造成基因污染。具体表现在：

● 基因水稻可能透过基因流向栽培稻、杂草稻和野生稻转移基因，危害这些栽培品种或者野生种的遗传完整性、遗传多样性和生存能力，对现存的稻属自然基因库造成污染。

● 不管是耐除草剂、抗病虫和抗逆性的单性状，还是综合性状的转基因水稻，都可能成杂草化。[2] 一旦它们逃逸到稻田外，就可能成为难以根除的恶性杂草。

---

[1] 杨庆文：《转基因水稻基因流对野生稻遗传资源的可能影响》，见《转基因生物风险与管理——转基因生物与环境国际研讨会论文集》，北京，中国环境科学出版社，2005。

[2] 就是说，现在这片地里种转基因水稻，可以抗除草剂，但当这片地改种别的作物，这些转基因水稻就会变成除也除不掉的杂草。如果它们和其他杂草再杂交，就会产生大片除不掉的疯狂杂草。美国、加拿大的转基因农田中已经大量出现类似的疯狂杂草。

● 通过转基因作物强烈的选择压而使害虫或病原体产生抗性。

● 转基因水稻的花粉、稻谷、稻草或根系的分泌物也可能对稻田生态系统中的昆虫、鸟类、野生动物、根系微生物等产生影响，或诱发突变，或破坏生态平衡。①

读者们可能已经被轮番的争论弄得头昏脑涨了，从食品安全到粮食安全到生态安全，到底孰是孰非？如果您对我们以上呈现给您的信息依然感到困惑，一个办法是"自力更生"，自己去找出相关数据，把自己武装成半个专家。采取这个办法，一个很大的障碍在于有的专家只给出了结论，却没有公开他们的研究数据和研究报告。

还有一个对于普通公众来说最简单也最有效的评判方法——常识。如同我们去一家从来没去过的餐馆，可以先看别的顾客点什么菜、怎么评价再来决定一样，我们可以看看谁在研究转基因技术、谁在种植转基因粮食、谁获利最多、谁在吃转基因食品，再来判断孰是孰非，决定自己怎么做。下面我们就通过一个大名鼎鼎的公司——孟山都公司的故事，来带您认识这一切。

---

① 薛达元：《中国转基因水稻的环境风险与管理对策》，见《转基因生物风险与管理——转基因生物与环境国际研讨会论文集》，95 页。

孟山都的故事

关于生物跨国公司：

谁是转基因食品商业化最大的推动者和获

益者？

在美国影片《永不妥协》中，朱莉娅·罗伯茨饰演的埃琳是一位经历了两次离婚并拖着三个孩子的单身母亲，在一次十分无奈的交通事故之后，这个一贫如洗、既无工作、也无前途的可怜妇女几乎到了走投无路的绝境。万般无奈之下，埃琳只得恳求自己的律师埃德雇用她，在律师事务所里打工度日。一天，埃琳在一堆有关资产和债务的文件中很偶然地发现了一些十分可疑的医药单据，这引起了她的困惑和怀疑。在埃德的支持下，埃琳开始展开调查，并很快找到线索，发现了当地社区隐藏着的重大环境污染事件，一处非法排放的有毒污水正在损害居民的健康，是造成一种致命疾病的根源。可怕的是居民们对此并未察觉，甚至起初对埃琳的结论表示怀疑，但是不久他们就被埃琳的执著和责任感打动了，大家在一个目标下紧紧地团结了起来，埃琳用自己的行动赢得了全体居民的信任，成了他们的核心和代言人。埃琳挨家挨户地做动员工作，终于得到了六百多个人的签名支持。她甚至能背下他们所有人的名字和他们所患的疾病。埃琳和埃德在一家大型法律事务机构的帮助下，终于使污染事件得到了令人满意的赔偿，创造了美国历史上同类民事案件的赔偿金额之最，达 3.33 亿美元。影片不仅展示了一个执著、富有正义感的弱女子的成长故事，更刻画出利令智昏的企业罔顾居民健康、隐瞒真相的丑陋嘴脸，表现出小人物们要挑战大型企业是何等的无助与艰难。

《永不妥协》改编自 1993 年美国发生的真实事件，影片的主人公是幸运的，埃琳最终为受害者争取到了高达 3.33 亿美元的赔偿。但在现实生活中，污染仍在继续，遭受有毒污染侵害的人们仍然在为自己的生存和健康艰难地抗争着。

胆大妄为

20世纪六七十年代，美国陷入越战的泥潭。越共游击队出没在茂密的丛林中，来无影去无踪，声东击西，打得美军晕头转向。美军为了扭转战局，决定首先设法清除视觉障碍，使越共军队完全暴露于美军的火力之下。为此，美国空军用飞机向越南丛林中喷洒了7 600万升落叶型除草剂，清除了遮天蔽日的树木。美军还利用这种除草剂毁掉了越南的水稻和其他农作物。他们所喷洒的面积占越南南方总面积的10％。由于当时这种化学物质是装在橘黄色的桶里的，所以后来被称为"橙剂"。

"橙剂"中含有毒性很强的四氯代苯和二氧芑，平均浓度为每公斤2毫克。其化学性质十分稳定，在环境中自然消减50％就需要耗费9年的时间。它进入人体后，则需14年才能全部排出。它还能通过食物链在自然界循环，贻害范围非常广泛。

越战后，"橙剂后遗症"逐渐显现，越南人民和参加越战的美国老兵深受其害。由于他们血液中的四氯代苯和二氧芑的含量远远高于常人，其身体因此出现了各种病变。更为严重的是，毒素改变了他们的生育和遗传基因。在越南长山地区，人们经常会发现一些缺胳膊少腿儿或浑身溃烂的畸形儿，还有很多白痴儿童。这些人就是"橙剂"的直接受害者。据统计，越战中曾在南方服役的人，其孩子出生缺陷率高达30％。此外，在南方服役过的军人妻子的自发性流产率也非常高。俄罗斯越俄热带研究中心指出：美军喷洒的橙剂毁坏了越南10％的森林，橙剂的危害不只20年，可能长达100年以上。

而生产这种臭名昭著的"橙剂"的，就是大名鼎鼎的孟山都公司。面对越南成千上万受橙剂毒害之苦的儿童，面对排在美国政府门外等待医疗救助的美国老兵，孟山都公司至今没有赔偿一个子儿。

不仅不赔，孟山都公司的销售代表最近几年又开始鼓励农民把草甘膦和以前使用的除草剂如2，4-二氯苯氧乙酸 (2，4-D) 混合使用。2，4-二氯苯氧乙酸在瑞典、丹麦和挪威三个国家因与癌症、生殖和神经系统的损害有关而被禁用，它是橙剂的组成成分之一。

孟山都公司为了推广自己的除草剂"农达"，培育出"抗除草剂"的转基因大豆，也就是说，除草剂杀死了田间的其他植物，但种植的大豆面对这种强悍的除草剂却"岿然不动"。

孟山都公司说"农达"非常安全，比"食盐"还要安全(听起来好像有点耳熟?)，在"农达"的广告中，小狗的骨头埋在土下，土上长了一颗杂草，小狗叼来"农达"，喷在杂草上，杂草立马死翘翘，小狗挖开土叼着骨头开心地跑了。但罗伯

"农达"的广告

特·贝勒教授的研究表明，"农达"不仅不安全，甚至还会引发癌变。在法国国家科学研究中心与皮埃尔与马莉·居里研究院工作的贝勒教授说："试验的剂量远低于人们正常使用的剂量。"

孟山都公司说，"农达"对于环境"非常友好"，可以"生物降解"、"使土壤保持清洁"以及"尊重环境"，并在自己的产

品上贴上了"生物降解"的标签。事实上，孟山都公司自己的研究表明，应用 28 天后，只有 2% 的产品降解。后来，在法院裁定"虚假"、"非法"以后，孟山都公司才不情愿地在包装盒上抹去了"生物降解"的字样。[①]

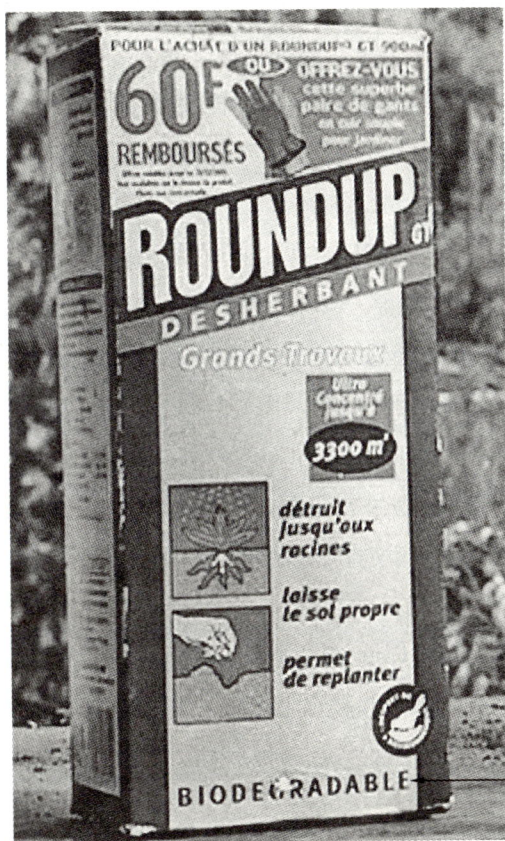

生物降解

孟山都是全球转基因技术的领导者，已经在这个领域取得了 674 项生物技术专利，超越全球其他任何生物技术公司。

孟山都公司开发了全球第一种大批量进入市场的转基因食品——含有 rBGH 这种人工激素的牛奶，这是孟山都公司的专

① 参见法国导演玛丽·莫妮克·罗宾的纪录片：《孟山都公司眼中的世界》（*A World According to Monsanto*）。

利产品。奶牛被注入 rBGH 这种激素以后，产奶量会提高30％。但注射过 rBGH 的奶牛会产生乳腺炎、乳腺增生和胎儿畸形等严重的健康问题。著名的癌症专家爱泼斯坦博士研究指出，rBGH 导致 IGF-1 因子增加，而 IGF-1 因子与人类癌症的产生有很大关联，而且这种癌细胞可以在体内潜伏很多年。欧盟一个由著名专家组成的独立调查委员会得出结论，rBGH 有导致人类乳腺炎和前列腺炎的风险。即便如此，孟山都公司还是继续用"大自然中最好的食品"为广告词来宣传自己的牛奶。

为了在加拿大推广 rBGH 牛奶，一位孟山都官员甚至企图用 100 万～200 万美元贿赂一位在政府评估委员会工作的加拿大卫生官员，以保证不经过进一步研究就让 rBGH 在加拿大获得批准。这位官员感觉自己受到了侮辱，他质问道："你们这是在行贿吗？"这次会面因此无果而终。①

孟山都在变身为生物公司以前，是一家生产有毒化学品的大公司。它生产作为冷却剂和润滑剂的 PCB 长达 50 年。PCB是一种对人体非常有害的化学制品，孟山都公司在亚拉巴马州阿尼斯顿的 PCB 工厂对邻近地区污染了几十年，当地居民血液中的 PCB 含量为平均水平的数百上千倍。许多居民得了稀奇古怪的病死掉了，剩下的居民身患各种疾病，彼此见面时谈论的是还有多少日子可活。

根据一次审判中披露的孟山都公司的文件，孟山都早在1937 年就了解 PCB 致病致癌的事实。他们对居民们隐藏了真实情况。孟山都公司的一项备忘录写道："我们不想失去哪怕一美元的生意"！

为了在尽量多的国家推销自己的转基因品种，孟山都设在

---

① 参见恩道尔：《粮食危机》，北京，知识产权出版社，2008。

世界各地的办公室都尽其所能，在发展中国家，它们尤其擅长通过"政府公关"、"公开贿赂"、"研究资助"等等手段，克服当地的监管藩篱，以便自己能够长驱直入。一份来自美国证券交易管理委员会的调查报告显示，1997—2002 年期间，孟山都向印度尼西亚至少 140 名政府官员及其家人行贿，总额达到 70 多万美元，这些钱都是通过不正当的方式从孟山都在印度尼西亚销售的杀虫剂账户上转出的。在巴西，2004 年起草的《生物安全法》草案是由一名为孟山都工作了多年的律师主持完成的。

孟山都公司究竟是何方神圣？为何如此胆大妄为？经济趋势基金会总裁杰雷米·里夫金说："我从来没有见到这样的情况，一家公司能够对最高决策层发挥如此大的影响。"

孟山都公司与华盛顿之间的旋转门①

"旋转门"是美国特有的政治名词，白宫在美国的绰号就叫"旋转门政府"。何谓旋转门？一个政府高官从这扇门转出去，就成了一些大公司的高管；而一些大公司的高管从这扇门转进来，就成了政府高官。官商合流，沆瀣一气。

而孟山都则深谙"旋转门"之道，在这个"转门"游戏中表现得尤为高明。它"脚踏两只船"，同时向两党慷慨地提供巨

---

① 参见恩道尔：《粮食危机》，北京，知识产权出版社，2008。

额竞选资助。

早在孟山都的抗农达转基因大豆上市前的 9 年，也就是 1987 年，时任美国副总统的老布什就应邀参观了孟山都的实验室，并许下诺言要为孟山都"放松监管"。

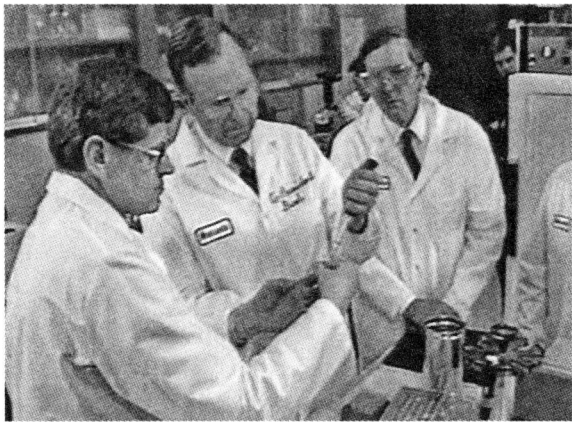

老布什（中）参观孟山都（1987）

孟山都把自己的高管安插到农业部、环境保护署、食品与药品监督管理局等重要部门，或者邀请离任的政府官员担任董事会成员等高管职位。

小布什的农业部长安·维尼曼，此前是孟山公司都下属卡尔京公司的董事长。

小布什的国防部长拉姆斯菲尔德，此前是孟山都公司下属希尔列公司的 CEO。1985 年该公司欲出售却找不到合适的买家，结果被孟山都大方收购，按照当时拉姆斯菲尔德手中的股票数量，他直接套现 1 200 万美元。

前美国贸易代表，克林顿的律师米奇·坎特，离职后进了孟山都董事会。

---

① 潘玢渠：《试析美国孟山都公司如何构建其在全球粮食市场体系中的优势地位》，暨南大学硕士论文，2009。

尼克松和里根时期的环保署长威廉·鲁尔克豪斯，离职后进入孟山都董事会。

美国食品药品监督管理局代局长迈克尔·弗里德曼，成了孟山都制药事业部希尔公司的高级副总裁。

克林顿的政府间事务助理玛莎·霍尔，成了孟山都负责英国政府事务的董事。

美国环保署预防、杀虫剂和有毒物质办公室主任林达·J·菲舍，成了孟山都公共事务副总裁。

卡特的白宫办公厅主任杰克·华森，成了孟山都的法律顾问。

1991 年，美国食品药品监督管理局副局长迈克尔·R·泰勒，是曾替孟山都打赢官司的律师。离任后，也成了孟山都公共政策副总裁。

美国食品药品监督管理局下属"人类食品安全司"副司长玛格丽特·米勒，则是孟山都的首席科学家。

最高法院的大法官克莱恩斯·托马斯曾经在 20 世纪 70 年代为孟山都的法律顾问部门工作。

让我们看看这些在旋转门里进进出出的政府官员的行为，也许读者们就能明白为什么孟山都公司敢于不顾质疑、不顾民意全力推广转基因产品，也能明白为什么美国会成为世界转基因大国了。

当公众和一些科学家提出孟山都的 rBGH 激素可能致癌时，曾经为孟山都打赢官司的泰勒律师已经荣升食品药品监督管理局副局长，在泰勒副局长的指导下，rBGH 激素使牛致病、使小牛畸形，以及人使用过以后出现的病理征兆等数据被作为了"商业秘密信息"，不准向公众公布。

泰勒副局长还帮助食品药品监督管理局制定出一个重要政

策——不在转基因食品上贴特别标签。

孟山都的首席科学家玛格丽特·米勒女士，此时也已经荣升美国食品药品监督管理局"人类食品安全司"副司长，米勒博士在位期间毫无理由地将允许向牛奶中注射抗生素的标准提高了 100 倍，为 rBGH 激素广阔的市场扫清了政策性的障碍。

美国消费者联盟的迈克尔·汉森博士指出：美国食品药品监督管理局是 rBGH 的吹鼓手，它通过发表新闻通稿来宣传rBGH，发布赞扬该药品的公开声明，并且在该机构的公开出版物中为 rBGH 做广告。

克莱恩斯·托马斯，从孟山都卸任后担任了美国最高法院大法官。在他的大力支持与亲自主持下，美国最高法院于 2001年通过了"新发展的种子品种享受美国政府的专利法保护"的决定。这个决定使得大多数转基因作物生产公司获益，孟山都无疑是其中最大的获益者。

拉姆斯菲尔德，当上国防部长以后仍未忘记自己是"孟山都的人"，没忘记自己套现的 1 200 万美元。占领伊拉克以后拉姆斯菲尔德给占领区长官下的命令是：强制采用"休克疗法"，把以国有经济为中心的整个伊拉克经济变成一个自由市场的私营经济。诺贝尔经济学奖得主斯蒂格利茨指出，这样的自由市场程度，连大多数美国企业都无法承受，将把伊拉克经济拖向深渊。拉姆斯菲尔德和美国政府的手伸向了伊拉克的种子宝库——伊拉克人民从公元前 8000 年以来，培育出世界上几乎所有的麦类品种并保存在国家种子库中，美国占领军毁掉了这个种子宝库，强迫伊拉克人种植美国人给的转基因种子。一旦农民们开始使用转基因种子，按照美国占领军颁布的《第 81 号命令》关于"植物专利保护"的新规定，他们每年都必须从孟山都等公司购买新种子。在"自由市场"的旗号下，伊拉克农民将成为孟山都等公司的奴隶。

财大气粗[①]

第二章我们提到了 2007—2008 年深刻影响世界的粮食危机，在这场危机中，许多发展中国家缺乏粮食甚至爆发了骚乱和流血冲突。孟山都公司却大赚特赚，仅在 2007 年 12 月—2008 年 2 月的 3 个月里，就成功赚取了 11.3 亿美元，比 2006 年同期收入增长了 2.1 倍。

在全球种植的转基因农作物中，大约有 90% 使用了孟山都的技术。孟山都公司目前控制着全球谷物与蔬菜种子近半的份额。该公司生产的玉米与大豆种子，在美洲、亚洲的销量均排在首位。目前，孟山都公司的主营领域已经由 2000 年的大豆、玉米、小麦和棉花等传统农产品领域进一步扩展到了黄瓜、辣椒、西红柿、洋葱、胡椒等蔬菜瓜果产品等领域。从下表可以清晰地看到孟山都公司种子近年来在全球各类农产品市场上所占的份额：

表 3—1　　　　　　孟山都公司种子在全球市场上份额

玉米	大豆	豆类	黄瓜	辣椒	甜椒	西红柿	洋葱
41%	25%	31%	38%	34%	29%	23%	25%

資料来源：ETC 集团通讯，2005 年 9—10 月，第 90 期。

据《化学品周刊》报道，孟山都公司在 2008 年仅种子这一项的毛利就高达 38 亿美元，比公司预计要高出 3%，而比 2007 年增加了 26%。对于公司获得的巨额利润，孟山都公司的财务总监不无得意地表示："农业的基础性是相当强的，我们的业务也很强，而且会变得越来越强。"孟山都公司还表示其 2008 全

---

① 参见潘玢渠：《试析美国孟山都公司如何构建其在全球粮食市场体系中的优势地位》，暨南大学硕士论文，2009。

年的资金流动额达到 7.5 亿美元，比 2007 年增加了 2 亿美元。孟山都公司在全球攻城略地，扩大自己的优势地位，捍卫其在转基因种子市场上牢不可破的霸主地位。

该公司的研发能力足以与整个中国抗衡。单从研发资金来看，孟山都公司每天花费在创新技术的研究与应用上面的费用就超过了 200 万美元。绿色和平组织曾坦言，世界上没有任何一个跨国公司在农业转基因技术方面可以与孟山都公司抗衡。而事实也确实如此。孟山都公司是第一个改变植物基因的生物科学技术公司。1997 年，它成为第一家推出组合基因棉花的公司。1998 年，通过推出抗"农达"玉米产品，又成为第一家推出组合基因产品的公司。1999 年，克林顿总统将代表美国科学领域的最高荣誉——"国家技术奖章"，亲自授予了孟山都公司的科学家。2001 年，曾在孟山都公司工作过的科学家最终夺得了当年度的诺贝尔化学奖。

自1995开始到2005年之间，
孟山都在全世界收购了50多家种子公司

有了巨额利润和盘根错节的政府关系，孟山都公司毫不留情地将对它说"不"的科学家和媒体人扫地出门。

"要么闭嘴，要么滚蛋"

第一章提到过一位英国科学家，阿帕德·普兹泰博士。这位博士在生物技术领域做了逾 35 年的研究，是植物凝集素和转基因方面的顶级专家。孟山都公司给了普兹泰博士 150 万美元的研究经费，委托他领衔进行一项转基因土豆研究。这种土豆植入了凝集素基因，孟山都公司称其天然无污染，还可以防虫害。在试验开始前，普兹泰博士对转基因食品的安全性深信不疑。但当用转基因大豆喂养小白鼠 110 天以后，得出的结论令他深感不安。食用了转基因土豆超过 110 天的老鼠个头比普通老鼠小很多，更让人担心的是，食用转基因土豆的老鼠肝脏和心脏甚至脑部都比正常老鼠小，免疫系统更加脆弱。

1998 年 8 月，普兹泰博士在一档收视率很高的电视节目中公开了自己的研究成果，他谈到了小鼠吃了转基因土豆以后的器官和免疫系统损害。

他说：

有人向我们保证转基因食品是绝对安全的，我们可以随时食用转基因食品，而且也必须随时食用转基因食品，但是，作为长期从事这一领域研究的专家，我认为把人类当做小白鼠一样来做试验是非常非常不公平的。我们应该到实验室去找小白鼠。……如果是我，在得到和我们针对转基因马铃薯所做的试验可比较的科学证据之前，是绝对不会食用转基因食品的。[①]

然而，采访结束以后发生的事却简直匪夷所思，研究所准备好了表扬普兹泰博士的新闻通稿，要赞扬他"严谨认真"的研究。然而新闻通稿刚发布，普兹泰博士和同在一个研究所供职的妻子却接到通知，要他们赶紧卷起铺盖走人。接下来，普兹泰的同事们开始诋毁他的声誉，英国皇家学会"重新审查"了普兹泰的研究，说他的研究"在设计、执行、分析方面漏洞

---

① 转引自恩道尔：《粮食危机》，北京，知识产权出版社，2008。

百出，无法从中得出任何结论"，却拒不透露审查者的名字。

事隔多年，普兹泰的几个已经退休的老同事才陆陆续续把真相告诉他：电视播出后，研究所所长两次接到布莱尔首相亲自打来的电话，一定要让普兹泰闭嘴。布莱尔之所以这样做是因为接到了美国总统克林顿打来的警告电话，而所有这些压力首先来自孟山都的一个电话。就这样，普兹泰博士被扫地出门了，还不许谈论他的研究、不许与以前的同事交往。

普兹泰博士在学术名声毁于一旦以后，1999 年终于和同事斯坦利·伊文一起，在顶级科学杂志《柳叶刀》上发表了他们的研究成果。结果，《柳叶刀》受到了来自英国皇家学会和生物技术行业的强大压力，斯坦利·伊文教授被迫放弃了阿伯丁大学的教职。

另一位反对转基因的科学家，曾任美国社会科学所所长、美国国家基因学基金会研究员的何美芸，是转基因领域的知名专家，她多次在联合国和世界银行就生物科学问题作证，极力反对草率断定转基因食品的安全性，她说："与你们看到的支持转基因的科学家们所说的正好相反，转基因的过程并不精确，它往往对宿主基因组造成损害和扰乱，产生完全不可预知的危害。"何美芸写过一本书《遗传工程——美梦还是噩梦》，论述了转基因食品可能导致的危害。她的仗义执言使得她被迫"提前退休"了。

1998 年 4 月，美国福克斯电视台获得过普利策新闻奖的两位记者，简·阿克尔和她的丈夫史蒂夫·威尔逊联合制作了一段揭露 rBGH 丑闻和它对健康的负面影响的节目。在孟山都的压力下，福克斯电视台枪毙了这个节目，还解雇了简夫妇。简夫妇一纸诉状把福克斯电视台告上了法庭，2000 年 8 月，法庭宣布简夫妇获赔 42.5 万美元，福克斯电视台"蓄意造假，歪曲原告关于 rBGH 的新闻报道"。然而福克斯电视台和孟山都利用它们充裕的财力上诉,最终通过法律技术手段把法院判决给改回来了。孟山都继续在市场上不遗余力地出售它们的 rBGH 牛奶。

美国加州大学柏克利学院的依戈纳希奥·查帕拉教授的研究表明,转基因玉米对墨西哥的玉米品种造成异花授粉,对"世界玉米遗传库"造成了污染。他的研究论文在《自然》杂志发表后,查帕拉教授也成为诽谤的对象。两个署名分别为玛丽·墨菲与安杜拉·斯梅塔茨克的人开始在一个生物技术网络论坛上发表伪造的指控,征募科学家要求撤销查帕拉教授的论文。(国内某专家称此事件为"翻案事件",说《自然》杂志后来批评该文的结论是错误的,申明该文所提供的证据不足以发表。该国内专家以此说明转基因作物不存在基因污染问题。)

反对转基因生物运动的宣传者马修斯对这两个所谓"生物专家"的 IP 地址进行了分析,他跟踪斯梅塔茨克追踪到孟山都公司的一台电脑,跟踪墨菲追踪到孟山都公司的公关关系公司的电脑。这两位人士显然是为污蔑查帕拉教授而编造的两个"专家"。马修斯说:"这种事情毫无道德可言。它显示了这样一个组织,决心将它们的产品推销到世界所有的国家,同时决心破坏任何敢于挡它们道的人的信誉。"

孟山都等生物公司和它们旋转门中的老朋友们,打压所有反对转基因的科学研究,压制相关学术作品的发表。布莱恩·约翰博士在一篇名为《论转基因科学的腐败》的文章中指出:"在转基因研究领域中、在同行评议过程中以及在公开出版的过程中,毫无平衡可言……科学尊严是一个输家,公共利益则是另一个输家……一些不合时宜的研究永远不会见到天日。国际生命科学研究所有关转基因粮食安全研究的文献目录完全是一边倒，收录了大量支持转基因技术的论文，这些论文要么出自政府部门，要么直接来源于生物技术行业。几乎没有一篇论文涉及转基因食品喂养动物的试验，而且据我所知也没有一篇论文涉及在人体上做过的试验。"

孟山都与农民的战争[①]

在美国

杰夫·克莱皮特对自己的奶牛精心照顾，冬天的时候牛圈里安装了暖气和加湿器，夏天的时候有电扇，牧场的宗旨是为奶牛提供尽可能舒适的环境，很多游客参观后说，希望下辈子变成一头克莱皮特牧场的奶牛。杰夫给自己牧场出品的奶制品包装上贴上了标签："不含 rBGH 激素"。对于杰夫来说，他做的只是给消费者多一点信息，但这大大激怒了孟山都。2007 年孟山都向联邦贸易委员会投诉说，克莱皮特牧场的广告暗示人造激素牛奶不如一般牛奶，但是事实并非如此。孟山都要求贸易委员会调查克莱皮特牧场发布欺诈性广告以及误导消费者的行为。

随着越来越多的牧场在自己的产品包装上打上"没有人造激素"的字样，孟山都非常气愤，一再要求联邦贸易委员会惩罚这种"欺诈行为"。当贸易委员会试图要求奶制品供应商不得标明奶牛是否被注射人造激素后，却引来消费者的强烈不满甚至是愤怒。几天之内，电子邮件投诉、电话投诉和信件投诉铺天盖地，在强大的民意压力下，贸易委员会不得不改变决定，同时要求所有奶制品的包装上也要印有"研究证明激素牛奶和

---

① 参见《孟山都的野心》，载《南方都市报》，2008－06－03。

普通牛奶之间没有任何不同"的字样。

　　盖瑞·雷恩哈特清楚地记得 2002 年夏季那倒霉的一天，一个陌生人走进他的店铺，当着所有顾客和员工的面对他进行口头威胁。雷恩哈特在美国密苏里州的一个小镇长大，那里离堪萨斯市 160 公里，人口 350 人，主要是农民聚居。在小镇最中心的广场有为数不多的几间店铺，多半销售灯泡、贺卡、钓鱼用具、冰激凌等方便农民生产和生活的小东西，雷恩哈特的"乡村老店"就是其中之一。没有人不认识他，因此当陌生人走进店铺大声喊"谁是盖瑞·雷恩哈特？"时，所有人都回头看。

　　雷恩哈特承认自己身份后，来者马上展开言词攻击，说自己掌握了足够证据证明雷恩哈特私自播种孟山都公司生产的基因改良大豆种子，这侵犯了公司的专利权。雷恩哈特最好能主动致歉并赔偿公司损失，否则他就要准备上法庭了。听着这些话时，雷恩哈特和所有在场的顾客一样糊涂，他早就听说过孟山都在美国农村的坏名声，这个公司总是强迫农民种植公司生产的基因改良种子，一旦有农民侵犯专利权就不依不饶。但是雷恩哈特不是农民，也不是销售种子的经销商，他既没有播种过任何种子，也不曾出售过，为什么会犯了孟山都的忌讳呢？对于有人公然闯进自己的商店并谩骂，雷恩哈特非常愤怒，觉得这让自己和店铺都很丢脸，他对来者说："你一定认错人了。"对方却非常肯定，依旧不断谩骂并威胁，在雷恩哈特成功将他赶出门前，他扔下的最后一句话是："孟山都是大公司，你绝对不可能赢，我们会抓住你，你要付出代价的。"

　　在孟山都的调查员和雷恩哈特产生正面冲突后不久，公司对雷恩哈特提出法律诉讼，起诉书措辞强硬，要把他逼上绝路。起诉书中说在 2002 年夏天，公司的调查员拍摄到雷恩哈特在田里播种，随后他将放种子的两个麻袋丢弃在田附近的水沟里。

第三章 ● 孟山都的故事 ∧

81

随后调查员检查了麻袋里的残留种子，发现正是孟山都生产的基因改良种子。面对官司雷恩哈特只能请律师，谁知道最后的结果是孟山都发现调查员拍摄到的人并不是雷恩哈特，是他们弄错了，于是撤销起诉。虽然赢得了清白，但是雷恩哈特必须自己支付律师费。

这样的事情在美国农村经常发生，因为孟山都运用自己的势力严密监控农民、种子经销商和农村合作社，严防任何人侵犯该公司的专利权，销售或者种植基因改良种子。根据法庭记录，孟山都雇用了一大群私人调查员和情报人员，这些"私家侦探"深入美国中部的所有农场，给当地农民带来深深恐惧。他们对怀疑对象拍照、录像，渗透进农民召开的集会，在小镇上布下眼线收集农民的活动信息。他们甚至装作人口统计工作人员敲开农户的大门收集资料，他们还混进种子销售公司或者生产合作社。农民们将这些人称为"种子警察"，更难听的是"盖世太保"或者"黑手党"。

自从 1996 年将转基因种子商业推广之后，孟山都对美国农民展开过千万次调查，根据 2007 年的报告，27 个州的 112 名农民曾被告上法庭。但是私下同意和孟山都协商解决的农民要多得多，因为农民大多怕事，害怕诉讼的大堆麻烦。孟山都曾经针对美国 150 个农民提起诉讼，结果败诉的农民平均被判刑 8 年，还被处以高额的罚款。农民在自己的庄稼地里因为留种而被判以长达 8 年的监禁，这是几千年来未曾发生过的事情。

对于这些行为，孟山都拒绝作出评价，仅说公司所做的一切都是为了保护自己的专利。该公司的发言人说，公司每天投入科研的资金是 200 万美元，这些钱用来研究更新、更好的种子和技术，目的是造福农民。保护这种巨大投资的一个手段就是将研究成果申请专利，另外在有需要的时候与侵犯专利权的个人对簿公堂。当然绝大部分的种子销售商和农民都遵守在购买孟山都的改良种子时签下的协议，但也有一些人违反游戏规则，不想付出就免费享受公司的研究成果，对于这一小部分农民或者种子销售商，孟山都通常主动交涉，最终只有一小部分的个案经由法庭审判处理。有一些人将强硬的孟山都比作微软，微软捍卫的是自己开发的软件，不遗余力打击盗版软件，但是不同的是，购买软件的人可以一次再一次使用软件，而农民们购买了孟山都的专利种子，却不能年复一年地播种。

在阿根廷①

早在美国开始进行田间试验好几年前，阿根廷就成了开发转基因作物的秘密试验地，这个国家的老百姓也变成了这个项目的试验品。梅内姆政府成立了一个"生物技术顾问委员会"，其成员总是秘密碰头，讨论结果也从未公之于众。这毫不奇怪，因为这群人都跟外国的转基因生物企业有千丝万缕的联系。

1996 年，阿根廷总统梅内姆向孟山都公司颁发许可证，允许它在全国独家销售转基因大豆种子。在不到 10 年的时间里，这个国家的农业经济被彻底改造了。到 2000 年，转基因大豆的播种面积超过 1 000 万公顷；到 2004 年，面积扩大到 1 400 万公顷以上。大型收割机械还在大量砍伐森林，以便为大豆种植提供更多的土地。

1988—2003 年间，阿根廷的奶牛农场减少了一半。破天荒第一遭，牛奶不得不以比国内高得多的价格从乌拉圭进口。更严重的是，随着单一种植大豆的农作方式迫使数十万农民离开土地，贫困和营养不良现象大量出现。统计显示，在风平浪静的 20 世纪 70 年代，阿根廷全国生活在贫困线下的人口比例仅

① 参见恩道尔：《粮食危机》，北京，知识产权出版社，2008。

为 5%。到 1998 年，这个数字竟然陡升至 30%，2002 年又激增至 51%。以前在阿根廷闻所未闻的营养不良现象，到 2003 年上升到 3 700 万总人口的 11%～17%。

在农村，大规模种植转基因大豆以后，种植场主从飞机上喷洒孟山都的除草剂，这种喷洒不仅杀死了附近农民的庄稼，其他牲畜尤其是马匹也受到了伤害。人们则频繁出现恶心、腹泻、呕吐和皮肤损伤等症状。转基因大豆田附近产下的动物出现严重的器官畸形，香蕉和甘薯也变得奇形怪状，湖里突然漂满死鱼。附近的孩子们身上出现了奇怪的斑点。

由于阿根廷的国家《种子法》并不保护孟山都的抗草甘膦转基因大豆种子专利，当阿根廷农场主在下一季再次使用其种子时，从法律上说孟山都不能要求他们支付专利费。的确，阿根廷农民出于自己使用的目的再次播种这些种子，不仅符合传统，而且也是合法的。

但是，收取这种专利费或者说"技术许可费"，是孟山都市场营销方案的核心。美国和其他地方的农场主必须与孟山都签订具有约束力的合同，同意不得再次使用收获后保存的种子，并且每年要向孟山都支付新的专利费。

阿根廷国会拒绝通过新的法律授权孟山都通过由法院施加严厉罚款的手段来强制征收专利费。为了避开这种局面，孟山都玩起了另一个把戏。

为了在阿根廷扩展大豆革命，在最初阶段，孟山都故意放弃"技术使用许可费"，以尽可能加速其转基因种子在这片土地上的扩散，特别是尽可能扩大与这些种子一起使用的、拥有专利的"农达"牌除草剂的使用。销售抗除草剂种子的市场营销战略背后的险恶用心是，农民们被迫购买专门与种子相匹配的孟山都除草剂。

最终，在 1999 年转基因大豆引入三年之后，孟山都公司正式要求农民们为种子支付"延期专利费"，尽管事实上这一要求并不符合阿根廷法律的规定。梅内姆政府对孟山都这种厚颜无耻的要求没有表示任何抗议，而农民们都对此不屑一顾。但是，孟山都声称，收取专利费是必要的，因为它要收回用于转基因种子的"研究和开发"的投资。由此孟山都发起了一场精心策划的公关宣传运动，目的是将自己装扮成农民们滥用和"盗窃"行为的受害者。

2004 年初，孟山都紧锣密鼓地对阿根廷政府施压。孟山都宣布，如果阿根廷拒绝承认"技术许可费"，它将在进口大豆的地点诸如美国和欧盟强制收取专利费。在这两个地方，孟山都的专利都是得到承认的。这一措施意味着，阿根廷商业化农业的出口市场将受到毁灭性打击。而且，孟山都进一步威胁说，将阻止阿根廷销售所有的转基因大豆，并声称在所谓的"黑市"中销售的 85％以上的大豆都是由农民们非法再次种植的。之后，阿根廷农业部长米盖尔·坎波斯宣布，政府与孟山都公司达成了协议。

阿根廷农业部拟成立一个由其管理的"技术补偿基金"。农民们不得不向粮食储运加工商或嘉吉公司等出口商支付高额的专利使用费。这种使用费在加工场所收取，农民们除了乖乖付钱之外毫无选择，因为他们必须加工自己的收成。然后，这笔使用费再由政府返还给孟山都公司和其他转基因种子供应商。

尽管农民们提出强烈抗议，但"技术补偿基金"还是于 2004 年底开始实施。

在印度

在印度，孟山都公司不遗余力推销它们的 Bt 棉花，Bt 棉花种子获得了垄断地位，以至于"在市场上已经没有非转基因的种子了"，农学家凯然·萨克哈瑞说。孟山都在广告中总是响亮地保证高产，农民们被宣传误导，以为种植转基因棉花能使自己有更好的收入。

当他们种植了孟山都的 Bt 棉才发现，自己不得不大量借款支付比平常种子贵四倍的转基因种子以及配套的孟山都除草剂。过去的十年，农药的使用增加了 20 倍。然而 Bt 棉花的表现往往很差。一些负债累累的绝望农民喝掉没有用完的杀虫剂选择自杀。在种植转基因 Bt 棉花的地区，农民的自杀率明显高于其他地区。愤怒的印度农民向最高法院提起诉讼，以阻止孟山都公司在经济和生态领域向印度引进更多的转基因农作物。[①]

2006 年 8 月至 2007 年初，仅半年时间，种植 Bt 转基因棉花自杀身亡的农民就达 680 人。[②]

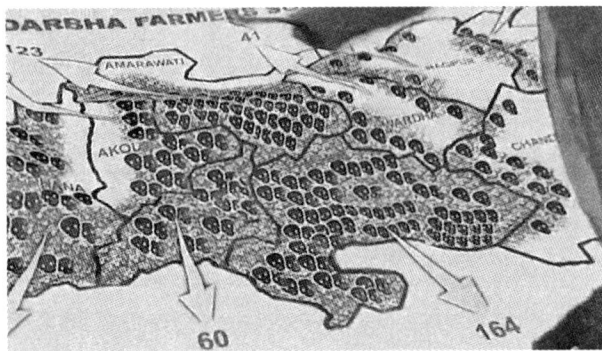

图中黑色骷髅表示自杀者，自杀人数多的区域就是种植 Bt 转基因棉花的区域，自杀人数少的区域是种植水稻的区域。

2009 年 10 月，印度政府下属的基因工程批准委员会批准了转基因茄子的商业化种植。此后，反对声不断。一些抗议者穿着亮紫色和绿色的茄子状服装走上街头，甚至打出"转基因

---

① Shiva Vandana："War Against Nature and People of the South"，*Third World Traveler*.

② 参见法国导演玛丽·莫妮克·罗宾的纪录片《孟山都公司眼中的世界》。

茄子滚出印度，孟山都滚出印度"的标语。

2月9日，印度环境部长拉梅什宣布，禁止商业种植转基因茄子，要求须先对其进行独立的安全测试，评估其对人类健康和环境的长期影响，并获得公众和专业人士的认可。

孟山都的野心——"天然种子全部绝灭"

1999 年，孟山都邀请全球四大会计师事务所之一的安达信为自己制定战略规划。安达信的咨询师问孟山都的高管们："15～20 年中，你们的理想是什么？"孟山都的高管们描绘了一个未来世界，在这个世界中，市场上的种子 100％全是转基因的、受到专利保护的种子，天然种子全部灭绝！孟山都有这样的"理想"很好理解——天然的种子是大自然赋予人类的礼物，像所有天然的生物一样，它们的繁衍遵循自然的规律，无需向任何人付费。只有浑身上下披满专利的转基因种子，因为获得了"专利保护"，才会变成某些人手中永远的工具，最终成为种植者脖子上去不掉的枷锁。[1]

"天然种子全部灭绝"，这就是孟山都的野心。

孟山都不仅有野心，更有行动。

2006 年 8 月 15 日，孟山都以 15 亿美元高价，收购了一家名为 Delta & Pine Land 的公司。这不是一次普通收购或者产业并购，孟山都的眼光牢牢锁在了 Delta & Pine Land 公司的"终结者"技术上。1983 年里根政府就开始支持有关"终结者"的技术研究，终于，在美国农业部的财政支持下，Delta & Pine Land 和美国政府一起获得了一项令其他国家毛骨悚然的专利——终结者技术。而且，在美国农业部的强大支持下，终结

---

① Jeffrey M. Smith：*Seed of Deception*，Publisher：Yes! Books，2003。

者技术在全球 78 个国家获得了专利。在这种技术下，经过基因改造的种子到收获季节就"自杀"，植入的基因在种子成熟以前产生一种毒素，从而使得每个种子的植物胚胎都会自我毁灭。这项专利适用于所有的植物种子。

在《现代汉语词典》中，对种子是这样解释的："种子是显花植物特有的器官……在一定条件下能萌发成新的植物体。"而终结者种子已经成为不是种子的种子，它无论在什么条件下也不会萌发成新的植物体。这也就意味着，农民如果在收获时留存种子以备下一年使用，这些"种子"是不会生长发芽的。种植水稻、小麦、玉米、豌豆、西红柿等作物的田地都会变成种子坟场。

几千年来，世界各地的农民在每次收获后储存下种子，下一年重新播种。对于世界上大多数贫穷的农民而言，这是最后的资源，但现在随着终结者等技术的发明，这种资源"通过专利被接管。而农民自由储存、交换和使用的种子，被视为公司的财产"。

据估计，15％～20％的世界粮食供应是由贫穷的农民种植的，他们年复一年地保存其种子。对于那些贫穷的农民而言，终结者对他们的粮食安全构成了巨大的挑战和威胁。因为一旦他们使用了终结者技术，又没有钱购买来年的种子，饥荒将接踵而至。最终，饥荒和饥饿将在世界许多地区蔓延，其中大部分是发展中国家。

而孟山都背后的美国政府是这样为"终结者"等技术辩护的：

留存种子的做法使得企业往往不愿意为作物研发进行投入；仅仅一年的销售收入无法补充这些公司在改良品种方面进行的多年投资。技术保护体系将为用于育种或对作物进行基因改造的投资提供保障。这一体系将通过减少擅自复种和销售种子引致的潜在销售损失而实现。

美国政府的报告明白无误地告诉其他国家，为了美国利益，为了孟山都等生物公司的利益，美国政府会通过 WTO 的"知识产权保护条款"保护终结者等技术。而 Delta & Pine Land 公司的一份文件宣布：该公司研发终结者技术，最初是打算将种子销售给中国、印度以及巴基斯坦等地种植小麦和水稻的农民。

终结者技术的推行遭到了许多发展中国家以及非政府组织的批评，孟山都公司于是绕道而行，研发了终结者技术的第二代产品："背叛者"技术（T-Gurts）。背叛者技术是指将某些特殊因子植入作物的体内后，生物因此"背叛"了自己原来的特性，只有借助特殊的除草剂、杀虫剂等化学物质，才能够开启它们正常生长的特性。

用背叛者技术处理种子的成本比生产终结者种子的成本更低廉。孟山都把它的种子套上"背叛者"的绳索，于是这些转基因作物只有在使用了由该公司提供的特殊农业化学品之后，才能实现正常生长或抵御病虫害。于是，孟山都再次鱼和熊掌兼得：农民不仅没法留种，还不得不购买孟山都的配套农业化学品。

母猪生小猪也被专利了

孟山都不仅希望天然种子全部灭绝，还把"专利"这张大网撒向了动物。孟山都公司发言人克里斯·霍尔默说："我们将对某些公猪的具体培育过程，以及运用这种技术繁育出来的所有猪申请专利。"而在这份对猪的专利的申请书中，孟山都公司谋求"繁育猪的方法"、"以某种方法繁育出来的猪"、"使某种特定基因不断增加的猪群"、"运用某种方法繁育出的猪群"等多项专利权。①

2009 财年（截止于 8 月 31 日）孟山都公司的净收益为 21 亿美元，总收入为 117 亿美元。公司销售额在过去五年里以每年 18％的速度迅速增加。

当我们看到孟山都罔顾美国转基因作物农药投入增加、产量并未大幅增加的事实（详见第四章），向中国农业部官员信誓旦旦地表示，到 2030 年转基因作物产量翻一番、投入降低 30％时，令人冷汗涔涔。②

2009 年 11 月，当中国政府还没有向公众宣布转基因水稻获得安全证书的时候，在美国股市上，孟山都公司股价已经开始快速上涨，2009 年 11—12 月，孟山都公司股价上涨幅度高达 30％。公司告诉美国投资者，之所以股价异动，原因在于中国农业部为两种转基因水稻和一种转基因玉米颁发了安全证书。

如果中国要产业化种植的转基因水稻真的拥有"自主知识产权"；如果孟山都真的像它自己在接受中国媒体采访时说的，"在水稻方面没有任何的专利"，来到中国是要帮助中国发展农业，提高农民生活水平③；如果在转基因作物应用中，跨国公司利润真的如有的研究报告所称只有"1％"，为什么中国农业部的安全证书让孟山都和它的投资者欣喜若狂？

---

① Carey Gillam, "Crop King Monsanto seeks Pig-breding patent clout", *Reuters*, Oct. 8th, 2005, cited from http：//www. commondreams. org/headlines05/0810-04. htm.

② 参见江旋：《开发转基因 农业部欲联手孟山都》，载《每日经济新闻》，2008 -09 -25。

③ 参见吴金勇：《孟山都反驳"转基因种子是粮食武器"说法》，载《商务周刊》，2009 -09 -09。

【新闻回放】

> 华中农大基因改良实验室认为其拥有转基因水稻的"自主知识产权"。

以"华恢 1 号"为例，该品系所用受体品种为我国已推广多年，目前已处在公共领域的优良恢复系"明恢 63"，抗虫基因 Cry1Ab/Ac 为中国农科院科学家自己修饰并取得专利的融合基因，转基因方法已在我国申请了专利保护。可见，该转基因水稻品系的核心知识产权均属于国内研发单位。目前"华恢 1 号"已向有关部门申请植物新品种权，如获批准将完全归属于我国研发单位。"Bt 汕优 63"也是同样。因此，对两个品系的商业化开发不存在中国失去专利"控制权"的问题。[①]

【新闻回放】

> 中科院农业政策研究中心认为，在转基因作物带来的"福利"中，种子公司只赚 1.7%，难道说孟山都就是"活雷锋"?

中科院农业政策研究中心研究员胡瑞法表示，根据他们的研究，转基因作物带来的福利中，农民获得 64.6%，消费者福利为 32.5%。这样，种子公司和科研单位收入总计不过 3%。具体数字是种子公司利润占 1.7%，科研单位收入占 1.1%。[②]

美国纪录片《食品公司》揭露了美国食品业背后的种种

---

① 云杉、陈泽伟、王楠楠：《转基因稻米之争》，载《瞭望新闻周刊》，2010 - 02 - 08。

② 杨乃芬：《转基因技术将掀新浪潮 跨国公司仅获益 1%?》，见第一财经网，2010 - 02 - 25。

黑幕，影片最后说道："公正女神手持天秤，然后人们往秤盘上堆钱，最后获胜的，就是堆钱最多、请得起最多专家的人，这就是我们司法系统运作的方式。"这里说的是美国。中国呢？从孟山都的故事中，从终结者技术中，我们看到了什么样的未来？

Chapter Four ● 第四章

蒸蒸日上还是江河日下？

关于全球转基因作物的种植的后果：

转基因作物真的能减少农药的使用吗？发达国家转基因作物的种植是越来越多还是越来越少？其他国家的人们对它是趋之若鹜还是避之不及？

联合国、美国农业部、绿色和平组织以及其他机构的统计说明，转基因作物生产主要集中在极少数的几个国家，世界绝大多数国家不种植或禁止种植转基因作物，例如：

● 全球90％以上的农田是非转基因农田，只有9.16％的农田种植转基因作物；

● 全球85％左右的转基因作物种植集中在美国、加拿大、巴西、阿根廷四个国家；

● 全球192个国家里，167个国家是"非转基因"国家；

● 全球99.5％的农民不种植或拒绝种植转基因作物。

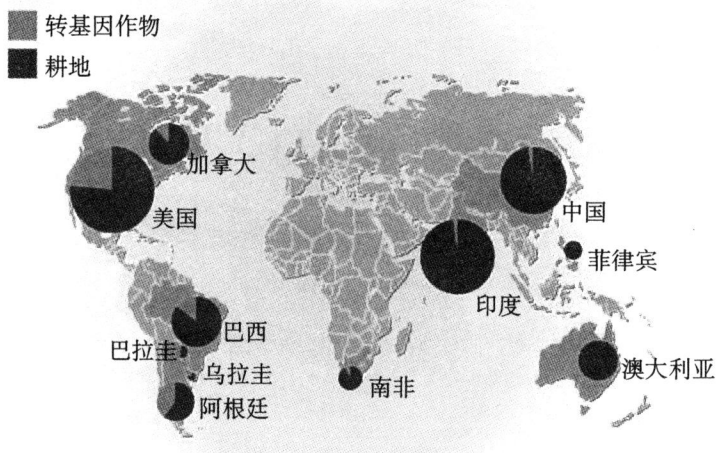

图4—1　世界上主要的种植转基因作物的国家

在美国

对付"超级杂草"

美国转基因大豆占整个大豆种植面积的91％，而这91％的转基因大豆，植入的基因不是提高产量的基因、不是多出油的基因、不是其他的什么基因，而是抗除草剂的基因。有了这种基因，在大量喷洒除草剂的时候，农田中的杂草——所有除转基因大豆以外的植物都将被消灭，而抗除草剂的转基因大豆则会安然无恙。

最初确实省时省力。农场主们喷洒完除草剂，就可以在房前喝咖啡、晒太阳了。杂草全都死光光，大豆不受杂草干扰长势喜人。然而，几年过去后，麻烦来了。

2009 年 10 月，阿肯色州的收获季节。表情严峻的农民和科学家正在布满巨型杂草的田间交谈，这种巨型杂草即使喷洒再多的草甘膦除草剂都死不了。一位农民在 3 个月内花了数万美元试图清除怪物杂草，但仍然徒劳无功；联合收割机和手工工具对这些杂草都无能为力。据估计，在阿肯色州有 100 万英亩的大豆和棉花田中已大量滋生怪物杂草。

这些怪物杂草可长至 7～8 英尺高，耐高温和长期干旱，产生数千种子，并有可从农作物吸尽养分的发达根系。如果任其发展，在一年内将占领整个农田。①

草甘膦是美国和世界上最广泛使用的除草剂。自 20 世纪 70 年代以来，它被孟山都公司以"农达"为商标名称申请了专利配方，并在全世界销售。随着抗除草剂转基因作物的种植，"农达"的销售成倍增加。美国农业部的数据表明，在主要农作物上的草甘膦的使用量在 1994—2005 年间增长了 15 倍多。据美国环保署估计，自 2000 年以来，每年约有 1 亿磅草甘膦用于草地和农场，在过去的 13 年里，它已应用于超过 60.7 亿亩农田里。

一方面是抗除草剂转基因作物的大量种植，一方面是超大量的除草剂使用，令人意想不到的怪物杂草终于出现了。2004年年底，抗草甘膦的巨型杂草首次出现在美国佐治亚州梅肯县，

---

① 见 ABC 新闻报道。

后来逐步蔓延到佐治亚州其他地区以及南卡罗来纳州、北卡罗来纳州、阿肯色州、田纳西州、肯塔基州以及密苏里州。根据佐治亚大学杂草专家斯坦利·卡尔佩珀的估计，佐治亚州有超过60万亩农田严重布满了这种抗除草剂的巨型杂草，大量农田因此被抛荒。

孟山都公司给农民支招了——孟山都技术开发部经理里克·科尔曾说，这样的问题是"可管理的"。他建议农民轮种并使用不同品牌的除草剂。孟山都的销售代表根据这一指示，鼓励农民把草甘膦和以前使用过、但因为剧毒早已被禁用的除草剂混合在一起使用。

据美国农业部的统计数据，在2008年美国种植的大豆中有95％是抗除草剂转基因大豆，种植面积达3 060万公顷，产量达8 054万吨，但由于种植转基因大豆而导致的减产幅度达400万至800万吨，由此造成的损失比美国平均每年出口欧盟（370万吨）或墨西哥（360万吨）的量还多，甚至可能超过两者之和。据估计，从2006年到2009年，美国的农民因种植转基因大豆而减产的量达3 100万吨，带来的经济损失超过110亿美元（按农场价格9.65美元/蒲式耳计算）。①

"按住葫芦起来瓢"——次生虫害变成主要虫害

美国从加州圣华金河谷流域到弗吉尼亚州东南部广阔的棉花种植带上，65％的棉花都是Bt抗虫棉。与抗除草剂转基因大豆的原理相似，Bt抗虫棉植入了抗虫基因，以期达到抗虫害的效果。然而这种抗虫性是针对某一种主要害虫的，要在一个植入基因中制服所有害虫，那还是神话。于是，问题又来了。

Bt棉花种植以来，抗虫基因所针对的棉籽象鼻虫和烟草蚜

---

① 参见绿色和平组织：《转基因作物的经济代价》，2010 - 02。

虫已经很罕见了。"牧草盲蝽"侵染了美国 2 900 万亩棉田，成为最具破坏性的棉花害虫。牧草盲蝽在棉花整个生长周期中危害，在开花期尤其严重，此时害虫大量繁殖，其成虫和幼虫都会吸食棉花。有时，这种害虫甚至造成棉花的绝收。要想控制它？对不起，请另外喷洒除虫剂。

在 1995 年，种植一英亩棉花成本为 12.75 美元～24 美元；在 2005 年，种植一英亩抗虫保铃棉或者抗农达除草剂棉花的成本是 52 美元。而到了 2010 年，种植一英亩孟山都公司第二代抗虫保铃棉和抗农达除草剂棉，农民们要花费 85 美元或更多。

在密西西比州，有的棉农要花费超过 100 美元来控制叶面虫害。"你把技术费和种子处理费用加上，就会明白为什么我们的棉花种植面积正在减少。"美国昆虫研究学者杰夫·戈尔说。

牧草盲蝽在过去四至五年已成为美国中南部的头号害虫，正在驱使许多不再能够负担得起喷剂费用的棉农离开密西西比三角洲流域。[①]

转基因粮食种植面积 2004 年以来逐年下降

在美国，大量转基因作物被运用于工业生产而非供人类食用。Bt 转基因玉米与人类食用有关，而从表 4—1 中可以看出，Bt 转基因作物的种植面积，2004 年达到最高，自 2004 年以后逐年下降，其中，Bt 类玉米 2009 年种植面积比例为 10 年以来最低。

表 4—1　　　　美国农业：Bt 转基因作物种植面积
占该作物农田的比例（％）

年份	2000	2001	2002	2003	2004	2005	2006	2007	2008	2009
Bt 类玉米	18	18	22	25	27	26	25	21	17	17
Bt 类棉花	15	13	13	14	16	18	18	17	18	17

①　ISIS Report，GM Crops Facing Meltdown in the USA.

美国农业部 2010 年初公布的统计数据说明，就全国农田而言，截至 2009 年底，八大作物的种植面积总数为 2.49 亿英亩，Bt 类转基因作物种植面积大约为总数的 1/3、所有转基因作物种植面积不到八大作物农田的 50%；若与整个农业农田比较，转基因作物种植面积比例就更小了。

农药用得多了，收入却减少了

英国科研机构 ISIS 于 2010 年初发布的报告说，转基因作物种植使美国农业农药施用量从 1996 年到 2008 年增加了 3.83 亿磅，2008 年施用量比 2007 年增加了 46%。自 2006 年以来，已商业化的三大主要转基因作物——玉米、大豆和棉花，种植过程中农药需用量都持续上升、且已大大超过天然作物的农药需用量（见表 4—2）：

表 4—2　　　　美国农业中转基因和天然作物的农药需用量对比（2008 年）　　单位：磅/英亩

转基因作物	农药需用量	天然作物	农药需用量
转基因玉米	2.27	天然玉米	2.02
转基因大豆	1.65	天然大豆	0.49
转基因棉花	2.72	天然棉花	2.07

从表 4—2 可以看出，2008 年，美国种植的转基因玉米和棉花平均每英亩比天然玉米和棉花需要多用 12.4% 和 31.4% 的农药，而转基因大豆则比天然大豆的农药需用量高出 236.7%！

图 4—2 描述了 1996—2008 年这 13 年中，美国种植的三种最主要的转基因作物与天然作物相比的农药使用量情况。从图中可以看出，转基因作物在最开始种植的几年，所需要使用的农药确实比天然作物少，然而，情况却随着时间的流逝而逆转，当我们把时间跨度拉长到十年以上就发现，转基因作物所需要施用的农药逐年攀升，而天然作物所需要施用的农药量稳中

有降。

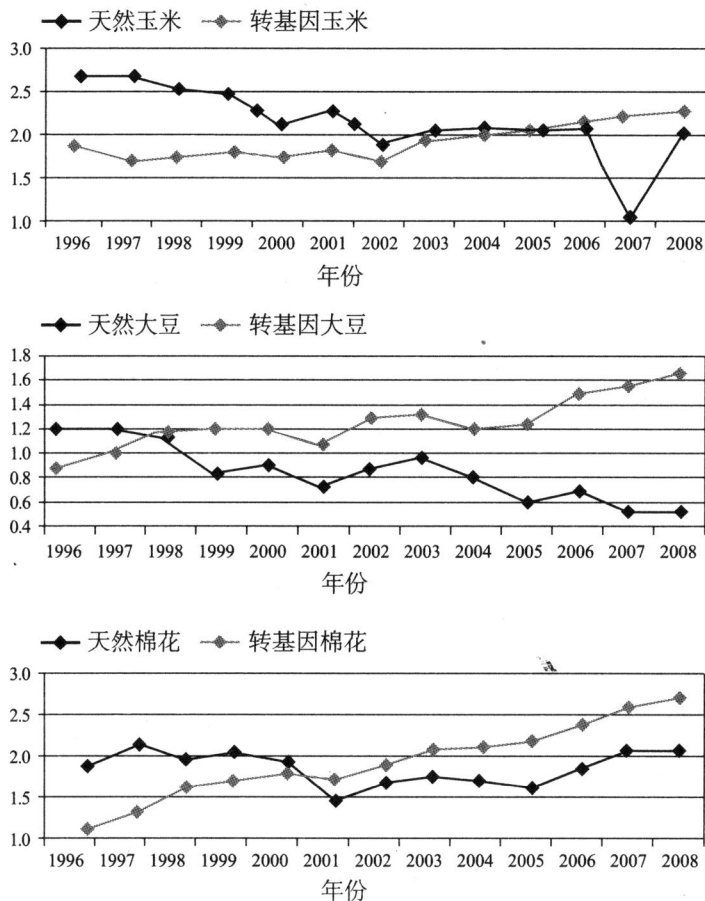

图4—2　美国农业：每英亩农药用量对比（单位：磅）

美国农业投入在农药和化肥上的经费不断上升，尤其是2006年以来，情况呈现恶化趋势，化肥投入急剧增大（见图4—3）。

当我们纵观半个多世纪以来美国农业的产出增长率，并没有发现十几年来转基因作物的种植让美国农业获得稳定持续的增长（见图4—4）。

美国种植转基因作物已经有十多年的历史了，但就这十

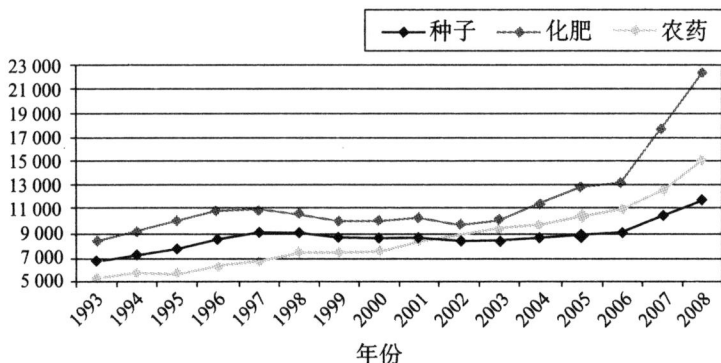

图 4—3　美国农业部分投入项目（单位：百万美元）

数据来源：美国农业部报告，2009 年 9 月。

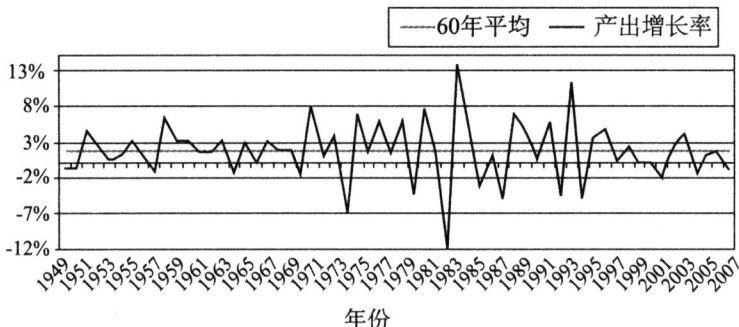

图 4—4　60 年来美国农业产出增长率

数据来源：美国农业部报告，2009 年 9 月。

多年的历史来看，美国农业似乎并没有像转基因支持者所预计的那样，在收入上有大幅的提高，目前的农业净收入，只相当于 20 世纪 40 年代或者 20 世纪 70 年代顶峰时期的一半。

美国农业部于 2009 年底发布了未来 10 年关于大豆油料贸易的预测（见表 4—3），与美国在军工、高科技等领域咄咄逼人的态势不同，美国不仅不打算增加或维持目前其豆油出口比例，还打算逐步降低。

表4-3　　　　　　　　　　　　　　　　　　　　　　单位:百万吨

豆油贸易预测

进口	2008/9	2009/10	2010/11	2011/12	2012/13	2013/14	2014/15	2015/16	2016/17	2017/18	2018/19	2019/20
中国	2.49	2.40	2.45	2.47	2.55	2.63	2.71	2.78	2.86	2.93	3.00	3.07
印度	1.06	0.89	0.93	1.03	1.08	1.13	1.18	1.24	1.29	1.34	1.39	1.43
亚洲其他国家	0.99	1.10	1.20	1.21	1.23	1.27	1.31	1.35	1.38	1.42	1.46	1.50
拉丁美洲	1.41	1.63	1.72	1.78	1.83	1.89	1.95	2.01	2.07	2.12	2.18	2.25
北非中东	1.51	1.71	1.80	1.85	1.90	1.95	2.00	2.05	2.10	2.15	2.19	2.24
欧盟国家	0.82	0.60	0.21	0.13	0.20	0.35	0.54	0.60	0.65	0.70	0.90	1.00
俄罗斯斯和东欧	0.06	0.06	0.07	0.07	0.07	0.07	0.07	0.07	0.07	0.07	0.07	0.07
其他	0.88	0.95	1.19	1.20	1.21	1.23	1.25	1.27	1.30	1.32	1.34	1.37
合计:	9.22	9.35	9.57	9.73	10.06	10.53	11.00	11.36	11.71	12.13	12.54	12.93

出口	2008/9	2009/10	2010/11	2011/12	2012/13	2013/14	2014/15	2015/16	2016/17	2017/18	2018/19	2019/20
阿根廷	4.67	5.22	5.49	5.69	5.99	6.30	6.63	6.86	7.09	7.39	7.66	7.95
巴西	1.91	1.50	1.52	1.56	1.65	1.74	1.83	1.92	2.00	2.09	2.19	2.25
欧盟国家	0.40	0.19	0.20	0.20	0.20	0.20	0.20	0.20	0.20	0.20	0.20	0.20
其他	1.04	1.07	1.11	1.12	1.14	1.15	1.16	1.18	1.19	1.21	1.22	1.23
美国	1.02	1.47	1.25	1.16	1.09	1.13	1.18	1.20	1.22	1.25	1.27	1.29
合计:	9.04	9.45	9.57	9.73	10.06	10.53	11.00	11.36	11.71	12.13	12.54	12.93
美国分享:	11.3%	15.6%	13.0%	11.9%	10.8%	10.8%	10.7%	10.6%	10.5%	10.3%	10.1%	10.0%
欧盟分享:	4.4%	2.0%	2.1%	2.1%	2.0%	1.9%	1.8%	1.8%	1.7%	1.6%	1.6%	1.5%

资料来源:美国农业部,2009年11月。

第四章 · 蒸蒸日上的江河 ⋯⋯⋯⋯⋯

更多人选择有机食品

在美国，尽管经济衰退，消费者消费房屋、汽车以及奢侈品的热情大大减退，但是有机食品市场增长势头强劲。据来自美国农业部的最新报告，有机食品的零售额从 1997 年的 36 亿美元上升到 2008 年的 211 亿美元，增长了 5 倍（见图 4—5）。有机农场加班加点有时仍然供不应求。

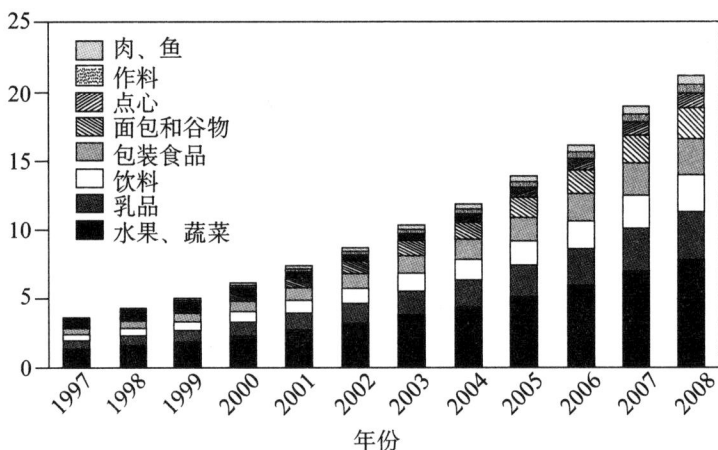

图 4—5　美国农业部报告的 1997—2008 年美国有机食品销售额

（单位：10 亿美元）

在中国——Bt 转基因棉前景堪忧[①]

苏棉已经上市，但袁志斌高兴不起来。

袁志斌是江苏省盐城市响水县棉纺纺织有限公司的董事长，他的企业是当地色纺行业的龙头企业。

"棉花质量越来越差，对纺织机器产生了影响，有的时候卡机。"袁志斌说，这种情况从 2005 年以来逐年加剧。

---

① 参见王海平：《转基因棉引发减产之忧》，载《21 世纪经济报道》，2009 - 09 - 30。

"现在棉花品种太多，纤维差异明显，不如常规棉。"袁志斌对本报记者表示，"总体上还是目前广泛种植的转基因棉花的品种太多、质量下降。"

本报记者在江苏"棉花之乡"盐城大丰市的调查显示，从2005年开始，转基因棉花推广在江苏进入第五个年头，曾经因"优势"而产生的"增量"经过时间的考验后被消耗殆尽。这在2009年这个特殊的年份得到了集中爆发。

转基因棉开始受到严峻的考验。

优势丧失

中国第一代抗虫棉系1997年从美国孟山都公司引进的"转基因抗虫棉33b"。十多年来，经诸多科研部门的"吸收消化再创新"，至今已衍生出数百种之多。

本报记者连日来在江苏棉花主产区盐城、南通两市（2008年，两市棉花种植面积同比下降15％以上）调查，却发现，从2001年开始全省推广种植的抗虫棉（转基因棉花）前景堪忧。

"转基因棉花是'一代不如一代、一年不如一年'。"盐城大丰市万盈镇农业技术推广站站长吴俊山告诉本报记者。吴俊山在基层从事农业技术推广已近30年。

普遍的反映是：2001—2004年，种植转基因棉花的确带来好处：一是农药使用量下降，二是种植成本下降，三是亩产总量上升。

率先关注转基因棉花带来影响的环保部南京环境科学研究所研究员薛达元告诉记者，这也是当初转基因棉花能够迅速普及的重要原因之一。在省工的同时，棉花亩产量相比增加20％。

另一个表现是，转基因棉花的衣分率（带籽的籽棉向不带籽的皮棉的转化率，纺织企业所需为皮棉）达到42％左右，超过了常规棉平均的 37％。

江苏省农委高级工程师承泓良介绍，江苏当时推广下来，农药使用量下降 50％～60％，并直接导致种棉成本下降 25％。

但这几年，转基因棉的劣势开始显现。

吴俊山分析，一方面，转基因棉花的亩产产量已与常规棉持平；另一方面，衣分率下降到如今的 34％左右，已低于常规棉。再加上种植面积减少、成本上升、自然灾害减产等原因，棉花产量持续不可抗拒地下降。

相比之下，转基因棉花眼下最为让人头疼的则是病害、虫害。

"推广转基因棉花，当时的最主要目的就是抵抗危害棉花的第一大害虫——棉铃虫。"承泓良告诉记者。

在棉铃虫被基本抵抗之后，原本危害次于棉铃虫的"盲蝽蟓、烟粉虱、红蜘蛛、蚜虫"等刺吸式小害虫却集中大爆发，成为近几年最主要、让基层焦头烂额的问题。

"小虫成大灾。"黄海农场农科所副所长宋春莲向本报表示，在农场，"近几年盲蝽蟓成为危害棉花的第一大害虫"，用药量因此猛增。

与农场的高效化种植对虫害的感受不同，转基因棉花带来的、困扰分散种植棉农最大的则是病害——这以黄萎病（棉农称为"瘟病"）为首。

显然，转基因棉花的所面临的次生虫害危险和病害危险已经越来越明显。

或影响棉花安全

如今，除新疆因政策限制外，转基因棉花已被全国其他主要产棉区广泛种植。

"若转基因棉花继续延续着每年成百个新品种的现状，不进行深层次的改革，必将危害到我国的棉花种植安全。"承泓良研究员向本报记者强调。

承泓良表示，转基因棉花目前面临两大问题，进入了发展的"瓶颈"：一是新基因来源范围越来越窄，虽然品种繁多，但核心的抗虫基因来源狭窄；二是推广后对棉田害虫生态种群的影响研究没有及时跟进，导致了次要害虫的大爆发。

"以前2.5斤常规籽棉可压成1斤皮棉，现在的转基因棉花平均都在3斤以上，对企业的机器损伤也加大了。"大丰棉花种植大户潘友旺告诉记者。

据棉农向本报反映，与常规棉相比，转基因棉花的籽不仅个头小，压榨出来的油产量也下降，更"没有以前香"。

这回到棉花生产的源头可探明原因：承泓良表示，这是由于"棉种的母体选择上没有好的品种，受体水平太差，没有经过严格的选择以及试种"。

"以前棉花由单个或数个品种组成，现在则是成百个。"承泓良表示，"各品种之间的差异，以及在收购、扎花上的混合，必然导致总体棉花纤维的品质低下。"

薛达元的主要结论认为：第一，转基因棉花对棉铃虫确实有效果，但刺吸式害虫反而增加，并且在长江流域对棉花蚜虫等害虫基本没有效果；二，对病害没有效果，尤其是黄萎病已年年加重，成为主要的危害棉花的病；三，对棉农经济收入的增加有限，黄河流域稍好，但长江流域不增反降；四，抗虫基因单一，棉铃虫对转基因棉花的抗性年年增加等。

承泓良担忧的是，虽然转基因棉花带来的诸多影响尚未对经济产生明显冲击，但层出不穷的转基因棉花种子市场如果再持续个三年，必将对中国棉花种植安全产生影响。

在欧洲

欧盟虽在 1998 年就批准种植 MON810 转基因玉米，但迄今只有几个国家种植，面积约 10 万公顷，相当于欧盟耕地面积的 0.36%，其中 3/4 在西班牙。[①]

2010 年 2 月 23 日前后，路透社等报道，欧盟统计说明，2009 年，欧盟国家的转基因种植面积比 2008 年减少 12%，多数欧洲国家立法成为"非转基因"国家（GMO-FREE，即不但不扩展、且撤销已有的转基因作物农田、回到非转基因农田）。譬如，2009 年，捷克的转基因作物种植面积减少了 31%，罗马尼亚减少了 57%，斯洛文尼亚减少了 54%，而德国减少了100%（立法禁止种植转基因作物）。2009 年，25 个转基因作物种植国家里，7 个国家减少了转基因种植面积，其余保持原样，增加种植面积的是极少数发展中国家。

表 4—4　　　　　　　欧盟转基因作物种植面积　　　　　单位：英亩

国家	2008 年	2009 年
西班牙	79 269	76 057
捷克	8 380	6 480
葡萄牙	4 851	5 094
罗马尼亚	7 146	3 244
波兰	3 000	3 000
斯洛文尼亚	1 900	875

[①] 参见方祥生：《转基因作物：欧洲人缘何横眉冷对》，载《光明日报》，2010-03-23。

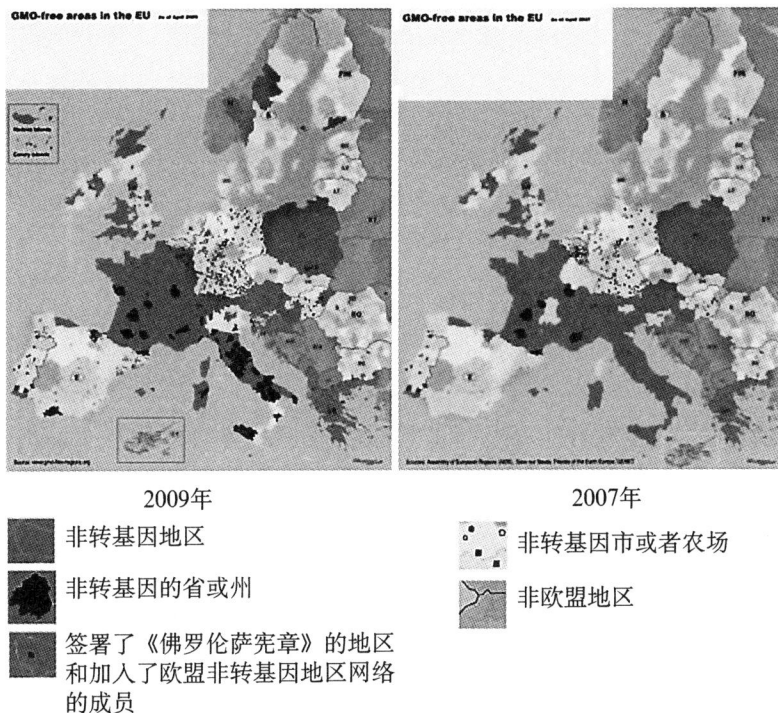

2009年

■ 非转基因地区

■ 非转基因的省或州

■ 签署了《佛罗伦萨宪章》的地区
和加入了欧盟非转基因地区网络
的成员

2007年

▣ 非转基因市或者农场

✕ 非欧盟地区

图 4—6 欧盟 2009 年与 2007 年非转基因种植面积对比

资料来源：www. gmo-free-aurops. org.

从上图可以看出，欧盟近年来转基因作物的种植面积在明显减少。

2010 年 3 月，当中国正陷入一场大范围的转基因争论时，各大媒体纷纷报道了欧盟批准种植转基因土豆的消息，新华社记者张小军据此写道："时间站在转基因一边"。然而我们来看看欧洲民众和欧盟成员国的反应：

欧盟委员会向民众保证，"Amflora"转基因土豆不会出现在欧洲民众的餐桌上，种植这种土豆的主要目的是获得丰富的淀粉，用于造纸等工业用途，其副产品还可用于生产畜牧饲料。

欧盟的这一决定引发了环保组织和一些成员国的强烈反对。

环保组织地球之友的发言人海克·莫德豪尔批评说，转基因食品的安全性并没有定论，欧盟委员会的决定是"将利润摆在了民众健康之前"，"转基因土豆携带着一种具有争议性的抗生素耐药细菌，目前还无法保证这种细菌不进入人们的食物链"。

尽管欧盟委员会对"Amflora"转基因土豆"开了绿灯"，欧盟成员国仍然有权决定是否在本国国内种植这种土豆。

意大利政府首当其冲地提出反对，称"不仅反对这个决定，还要强调本国在处理这一问题上的独立性"。奥地利决定禁止在其境内种植"Amflora"转基因土豆，法国将组建一个调查小组，研究种植的安全性。德国政府则表示只会在东部地区小面积种植。

此前，欧盟已于1998年批准种植美国孟山都公司的转基因玉米MON810。不过，出于对安全性的担忧，欧盟六个成员国奥地利、法国、德国、希腊、匈牙利和卢森堡陆续禁止了种植这种转基因玉米。[1]

2010年初，瑞士将转基因植物的种植禁令延长了3年。该项禁令于2005年开始实施，原本将于2010年11月到期。瑞士国民大会科学委员会的大多数成员认为此次禁令延期不会带来严重不利后果。[2]

而且，在农业部2009年底才为转基因水稻发放安全证书，并且"至今没有批准任何一种转基因粮食作物种子进口到中国境内种植"的情况下，中国出口至欧盟的米粉却早在2007年开始就频频被查出含有转基因成分，因而受到警示、拒绝入境或召回、销毁等处理。

---

① 吴妮：《一个转基因小土豆"闹翻"欧洲》，载《新京报》，2010－03－14，有删节。

② 参见《国际农业生物技术周报》，2010－03－01。转引自生物谷网站。

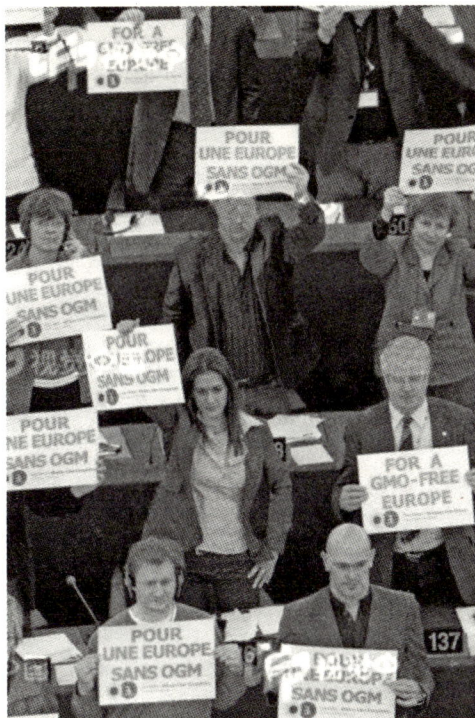

2010年3月9日，斯特拉斯堡，欧洲议会绿党—自由联盟党团当日在与欧盟委员会主席巴罗佐辩论时打出"为了非转基因的欧洲"（For A GMO-Free Europe）的标语。

表4—5 对华预警通报（1）

通报日期	通报国	产品编号	通报原因	监控类型	销售状况/措施
2007年11月20日	瑞典	2007.0846	中国内地经香港和荷兰出口至欧盟的意式细面使用非法的转基因大米Bt63	市场监控	可能已售出/产品撤回
2007年11月22日	德国	2007.0856	中国经荷兰出口至欧盟的米粉使用非法的转基因大米Bt63	市场监控	可能已售出/产品撤回

资料来源：欧盟食品和饲料快速预警系统（RASFF），2007年第47周，见中国产业安全指南网，2007－11－28。

表 4—6　　　　　　　　　　对华预警通报（2）

通报日期	通报国	通报产品/来源地	编号	通报原因	监控类型	销售状况/措施
2008 年 6 月 26 日	瑞典	米粉/中国内地经香港地区转口	2008.0763	非法转基因（Bt63）	市场监控	销售仅限于通报国/销毁

资料来源：欧盟食品和饲料类快速预警系统（RASFF）通报，2008 年第 26 周，见中国食品商务网，2008 - 07 - 09。

表 4—7　　　　　　　　　　对华预警通报（3）

通报日期	通报国	通报产品	编号	通报原因	监控类型	销售状况/措施
2010 年 3 月 5 日	德国	米粉	2010.0272	非法转基因	市场监控	可能已售出/退回分销商

资料来源：欧盟食品和饲料快速预警系统（RASFF）通报，2010 年第 10 周，见中国贸易救济信息网，2010 -03 - 08。

在印度

正如上一章提到过的，印度已尝到了来自转基因 Bt 棉花的苦果。同美国一样，印度种植 Bt 转基因棉的地区也陷入了由次生害虫、抗 Bt 害虫、新疾病带来的生态灾难中，种植转基因棉花的地区棉农的自杀率大大高于其他地区——他们靠借贷购买孟山都昂贵的转基因种子，而糟糕的收成却使他们无法偿还贷款。

因此，印度坚决地对转基因茄子说"不"。[①]

作为世界最大的茄子生产国，印度从 2008 年开始进行转基因茄子田间试验，去年得到政府批准，准备开始商业化种植销售。但印度环境部部长拉梅什 9 日签署命令，无限期停止转基因茄子商业化种植的许可，这将使印度转基因作物商业化的发展步伐放慢。

————————

①　郭西山：《印度停止转基因茄子生产》，载《环球时报》，2010 - 02 - 11。

对此，在 9 日召开的新闻发布会上，拉梅什说："科学界在此问题上尚无明确共识。来自一些邦政府和民间团体的反对声音强烈。"

西孟加拉、奥里萨、比哈尔等主要生产茄子的邦的邦政府以及环保组织反对转基因茄子的商业化种植，他们说印度有足够的茄子品种，在让大家对影响健康的问题清楚前，政府不应进行转基因作物推广。

在日本

日本对转基因作物实行严格管理和慎重对待。根据一家名为 Angus Keid Group 的组织发布的调查，82％的日本消费者对转基因作物持否定态度。目前，日本只批准了转基因康乃馨的商业化种植。

一些民间组织如消费者组织对转基因作物持反对立场，并发起了一系列反对转基因作物、食品和饲料的抗议活动，各种媒体在相关报道上也发挥了重要的抵制作用。一些记者和科学家也加入到了抵制转基因作物的行列中。

早在 2004 年，日本消费者团体就警告美国，如果孟山都向日本出口转基因小麦产品，将会遭到日本抵制。

当时，日本消费者联盟，连同其他几家日本环境和消费者组织在美国北达科他州，同该州及联邦农业部官员会面，并递交了由 414 个组织签名的拒绝转基因小麦的请愿书。日本代表表示，日本将全面停止购买美国小麦，转而自加拿大或澳洲购买，以避免买到转基因小麦所导致的任何风险。[1]

---

① 参见《日本消费者警告美国将拒收美国转基因小麦》，见西安农业信息网，2004－04－06。

2006 年，自检查发现美国长粒大米内含有转基因成分后，日本卫生部已经停止进口美国所有长粒大米。[①]

日本甚至出现了围绕转基因水稻安全性的正式诉讼。日本农业生物特定产业技术研究机构 2006 年在上越市进行转基因水稻室外栽培试验，招致当地部分民众反对。他们向地方法院高田支部提起诉讼，要求该研究机构中止试验计划，并支付各种赔偿费 270 万日元。[②]

---

① 参见李磊：《日本禁止进口美国长粒大米》，见食品商务网，2006 - 08 - 23。
② 参见钱铮：《日本出现首例围绕转基因水稻安全性的正式诉讼》，新华社，2005 - 12 - 20。

Chapter Five ● 第五章

自主创新还是受制于人？

关于转基因食品的专利：

我们真的掌握了转基因所有的核心技术吗？技术领先必须通过商业化和开放市场来实现吗？

不一样的豆①

1994 年的某天，一家小型种子公司的老板博特，在墨西哥索罗亚地区买了一小包杂豆，并把这包豆带回了美国。博特将其中黄色的豆挑选出来，放进泥土种植，经过几代种植后，博特声称他"发明"了一种"独特而稳定"的黄豆种子。1996 年 11 月，距他在墨西哥买杂豆不足两年，博特向美国政府申请了他的黄豆专利。

1999 年 4 月 13 日，博特的黄豆"爱罗娜豆"在美国获得了专利，专利编号 5894079，也同时获得植物品种权利——编号为 No.9700027 的新品种保护。此项专利涵括一切种子呈现黄色的豆。博特的公司宣称，除了他的公司以外，一切有关该种黄豆的买卖贸易和使用，均属于侵犯专利权的行为。同年底，博特先生控告两家在美国销售墨西哥黄豆的公司侵犯了自己的专利权。

其中一家被指控公司的负责人说："起初，我以为这是个笑话。博特先生怎么可能发明墨西哥农民已经种植千百年的黄豆?"墨西哥政府对博特的专利权大为愤怒，并对"爱罗娜豆"进行了 DNA 测试，证实博特"发明"的豆的基因排列，与原产墨西哥的 azufrado 豆完全一样。豆是墨西哥人的基本粮食，在墨西哥西北部有 98% 的人以 azufrado 豆为主食。理论上，博特的公司可以在 WTO 推动的知识产权体系之下，向世世代代进食 azufrado 豆的贫苦农民索取侵犯专利权的赔偿。

---

① 参见 http：//www.china-review.com/gao.asp? id=8317 及郭华仁：《原住民的植物遗传资源权与传统知识权》，见 http：//www.npgrc.tari.gov.tw/npgrc-web/publish/train/train01/class-2.html。

不一样的米

Basmati 大米亦已在印度种植了好几千年。两年前大米技术公司 RiceTec 获得了有关 Basmati 大米的专利，包括了十一项植物专利、五项谷物上的专利、三项培育方法的专利、一项种子专利，总共二十项。它把自己生产的大米称作 "Texmati" 和 " Kaomati" 大米，并且已开始在市场上出售，以取代印度的 Basmati 大米。更让人忧心的是，在知识产权体系下，RiceTec 公司可以以侵犯知识产权为理由，向种植 Basmati 大米的印度农民索取赔偿。如果索赔不成，RiceTec 公司可以通过转基因的终结者技术，令种子绝育，迫使印度农民向公司购买种子，非依赖跨国技术公司不可。

关于生命的专利

冲破专利的生命禁区

长期以来，生命和基因这类自然之物一直是专利的禁区。但 20 世纪 80 年代的一个"误判"歪打正着地冲破了这个禁区，这就是被现代生物技术视为"里程碑"的"恰克拉巴蒂判决"。

20 世纪 70 年代初，美国通用电气公司的微生物学家恰克拉巴蒂向美国专利局提出一项专利申请，要求对能分解石油污染的一种重组微生物授予专利，但遭到拒绝。美国专利部门拒绝的理由是：生命不属于可授予专利的对象。恰克拉巴蒂不服，向上诉法院提起了上诉。上诉的法院法官们可能欠缺生物学知识，认为这种微生物"更类似于无生命的化学物质，如反应物、试剂和催化剂，而不像马、蜜蜂或玫瑰花"。于是判恰克拉巴蒂胜诉。对于此判决，美国专利局不服，又上诉到美国高等法院。1980 年终审大法官 W. 伯格说："在阳光下任何人造之物都有资格获得专利。"这句话后来被反复引用。从此，专利的生命禁区被打破，对生物基因的分离和改造突飞猛进，也带来了人类有关科学、生命、伦理的持续不断的争议。[①]

哈佛鼠：美国第一项动物专利

1988 年，美国专利局给一种"非自然地产生的非人类多细胞的活生物体"授予了美国第一项动物专利，这就是著名的哈佛鼠专利。哈佛大学的菲利普教授和提摩西·A·斯塔沃德教授把一种基因植入非人类的哺乳动物小鼠体内，得到了一种对致癌物质极为敏感的、对检测致癌物质十分有用的试验小鼠。哈佛鼠专利是动物品种，特别是遗传工程技术改造过的动物新品种的第一个专利，被人称为美国在生物技术的专利保护发展过程中，继联邦最高法院恰克拉巴蒂案后的又一里程碑。

人体细胞系：走入美国专利

除允许授予动物专利权外，美国专利局还允许对细胞系，包括人体的细胞系授予专利权。

另外，DNA 被认为是大分子化合物，可以授予专利权。尽管对自然存在的 DNA 不能提出权利要求，但法院已经认为"纯化了的和分离了的"DNA 序列是人类行为干预产生的新的合成物。因此，被纯化和被分离的 DNA 可以被授予专利，申请专利的可以是一个基因的 DNA 序列、一个基因的部分 DNA 序列、新的蛋白质产品、有特定纯化程度或最低限度活性的已知的蛋白质。或者包括 DNA 序列的各种各样的产品。[②]

我们看到，当专利的生命禁区被突破，当植物、动物甚至

---

① 参见沈孝宙：《转基因之争》，北京，化学工业出版社，2008。
② 参见张晓都：《美国专利法中的生物技术发明》，载《中国知识产权报》，2003 - 08 - 20。

人体细胞在被"基因改造"以后就可以获得专利，全球生物技术的产业发展和科学研究发生着巨大变化。大名鼎鼎的孟山都，在 1980 年以前都还是一个以生产有毒化学品为主营业务的化工企业，正是在 1980 年，面对着公众环境保护意识的崛起，面对着政府加大环境保护的政策措施，同时又受到"生命专利"的激励，孟山都才"适时地"向生物技术公司转型，并在以后的岁月中，极力淡化自己有毒化学品生产商的角色。与此同时，很多做农业化工的大企业开始吞并种子公司，迅速快捷地获取专利，以便"跑马圈地"。

大学里的科学研究也受到很大影响。以前，科学家在大学里收入不错，鲜有梦想成为百万富翁的。但现在不同了，生物科学家可以拥有专利，成立自己的公司，或是将专利卖给别人，自己成为百万富翁。这一利益驱动，使得科学家在转基因技术的研究中扮演着重要角色。

科学家们正在学会保持沉默，或者沦为摇旗呐喊者[①]

《瞭望》：如果转基因作物真像其反对者指责的那样威胁食品安全和发展中国家的粮食主权，并对人体健康有潜在风险，为什么世界上还有不少科学家在进行转基因作物的研发？利益驱动会是主要的推手吗？

海勒曼：全世界究竟有多少科学家真正热衷于将遗传工程用于制造转基因作物呢？很多人将下面两类人混为一谈：一类是为数甚多的分子遗传学家，一类是为数较少的在开发转基因产品的科学家，他们受到相关产业资助，有雄厚的资

---

① 参见林谷：《联合国生物安全专家答问》，载《瞭望新闻周刊》，2010（6）。

金作后盾。

　　我自己就是一个分子遗传学家，我的实验室几乎每天都在制造转基因生物。在我 20 年的职业科学家生涯中，我连一次都没想过要把这些转基因生物商业化。它们对于解答生命的奥秘至关重要，而这些发现某一天也可能被投入实际运用。许多植物学家将遗传工程用于协助育种或者改良作物，但并没有直接将遗传工程本身商品化。包括我本人在内的科学家们从不把制造转基因商品作为我们存在的理由。只有不被专利保护所操控和滥用，也无须推广转基因商品，现代生物技术才真正能为人类造福。

　　但不可否认的是，商业资金正在以惊人的速度分化和重组科研团队。根据国际农业发展科学与技术评估机构的调查结果，一小部分跨国生物技术公司在农业技术研发上的投资已经超过了发展中国家相应投资的总和，而且比主要发达国家对公共事务的投资还要略高一筹。所以，科学家被顺理成章地看做是转基因商品的支持者。而事实上绝大多数遗传学家并不会对转基因作物有太多想法。即便是那些有想法的，也常常不想在转基因作物的安全性问题上纠缠太多，因为聪明的做法是：要么迅速支持转基因，要么彻底不闻不问。否则，如果想在转基因问题上保持批判性的职业眼光，就意味着你会很容易得罪公司和政府，自毁前程。

　　所以我认为单纯追逐利润只会成为很小一部分科学家参与开发转基因商品的动力，而更大的动力来自事业上的发展机遇和就业的保证。不少政府越来越将研究经费和产业目标挂钩，而一些原本公立的研究机构也从商业利益的角度来定义成功。面对科研团体和商界之间强有力的结盟，科学家们正在学会保持沉默，或者沦为摇旗呐喊者。

【链接】杰克·海勒曼博士，新西兰坎特伯雷大学遗传和分子生物学教授、挪威图森生物安全中心基因生态学高级兼职教授、前美国国立卫生研究院研究员。

自主知识产权之争

在我国关于转基因粮食产业化推广的争论中，专利问题也是大家关注的焦点。我国对于即将产业化推广的品种，是否拥有自主知识产权？如果不完全拥有自主知识产权，是否设置了"基因"防线？在不对等的贸易条件下，如何保证我们的"粮食主权"和"食品主权"？

拥有自主知识产权？

研发团队纷纷宣称对于获得批准的品种拥有自主知识产权。

中国农业科学院获悉：由我国著名生物技术专家、中国农业科学院生物技术研究所范云六院士带领的科研团队，历经12年完成的转植酸酶基因玉米研究项目，日前获得农业部正式颁发的转基因生物安全证书（生产应用），这是我国首次为转基因粮食作物颁发安全证书，标志着转植酸酶基因玉米从此正式跨入产业化阶段。

转植酸酶基因玉米研究项目，是中国农业科学院近年来重点跟踪管理、培育重大科技成果的重大项目之一……是我国首例获得安全证书的粮食作物，也是国际上首例研制成功的转植酸酶基因玉米，这一重大成果的取得历时12年，达到了国际同类研究的领先水平。[①]

---

① 蒋建科：《我国首次为转基因粮食作物颁发安全证书》，见人民网科技频道，2009-12-02。

华中农业大学称："我校研发的转基因水稻'华恢 1 号'和'Bt 汕优 63'具有自主知识产权，受我国专利法等相关法律保护。一些人以为我们使用了多项国外合法有效专利，是一种误解或猜测。"

华中农业大学进一步表示："农业部评价这一批获得安全证书的品系，是在中国转基因技术研究自主知识产权上的重要成果。以'华恢 1 号'为例，该品系所用受体品种为我国已推广多年、目前已处在公共领域的优良恢复系'明恢 63'，抗虫基因 Cry1Ab/Ac 为中国农科院科学家自己修饰并取得专利的融合基因，转基因方法已在我国申请了专利保护。可见，该转基因水稻品系的核心知识产权均属于国内研发单位，完全具有自主知识产权。目前'华恢 1 号'已向有关部门申请植物新品种权，如获批准将完全归属于我国研发单位。'Bt 汕优 63'也是同样。因此，对两个品系的商业化开发不存在中国失去专利'控制权'的问题。"[①]

而质疑者指出，有文献表明，农业部批准商业化的转基因玉米材料来自美国先锋公司。[②] 先锋公司毫无疑问可以根据专利法收取费用。

绿色和平组织则发布了调研报告，在此份调研报告中，汇总了我国 8 大转基因水稻涉及的国外专利，共涉及国外专利 4 个大类，28 个项目。绿色和平组织发布的报告显示，由华中农业大学研发的 Bt 转基因水稻至少涉及了 11～12 项国外专利；中国科学院遗传与发育生物学研究所研发的 CpTI 转基因水稻

---

① 傅勉：《中国转基因作物：自主知识产权之辩》，载《第一财经日报》，2010 - 02 - 24。

② "Transgenic maize plants expressing a fungal phytase gene"，*Transgenic Research*，Springer Netherlands，Volume 17，Number 4 / 2008 - 08.

涉及了至少5~7项国外专利；由福建农业科学院牵头，与美国俄亥俄州立大学、复旦大学等合作完成的转基因CpTI/Bt水稻至少涉及10~11项国外专利。[①]

"我们和第三世界网络抽调专人，通过对国内转基因水稻公开发表的科学文献进行研究，根据其中涉及的基因使用方法和相关技术，再在专利数据库中进行检索，从而得到现在的报告。"绿色和平组织农业与食品安全项目主任方立锋说，转基因作物的开发依赖一些标准化的技术、方法，一些国外机构包括孟山都、拜耳等大型跨国农用化学品公司在这些领域申请了至少59项专利。

国内一些知名专家也表示了质疑：

国家环境保护部南京环境科学研究所生物多样性首席专家薛达元说："一个课题组乃至一个国家取得一项技术的成功，可能使用了国外的许多相关技术，就转基因而言，一个转基因作物的成功研究，可能涉及30多个专利技术，而这些技术可能由多个国家的科学技术人员或公司所拥有。目前，我国具有自主知识产权的功能基因并不多，有些转基因研究确实使用了其他国家和国外大公司研究机构所提供的基因材料。"[②]

中国科学院遗传与发育生物学研究所研究员朱立煌在接受《中国知识产权报》记者采访时表示，我国的转基因水稻的技术源头，应该说是来自国外。因此，对于获得安全证书的转基因水稻，我国并不拥有完全意义上的自主知识产权。如果转基因水稻在我国实施商业化种植，就可能因涉及跨国公司专利而被

① 参见龙丽：《转基因水稻 中国有没有自主知识产权？》，载《21世纪经济报道》2009-02-27。
② 傅勉：《中国转基因作物——披上自主知识产权"马甲"的西方技术？》，载《第一财经日报》，2010-2-23。

收取高额专利费。①

国内著名育种专家李登海甚至表示，我国转基因研究中，99％以上的专利被国外控制。

安全证书是转基因作物品种上市前最难跨过的一个关口。而一旦跨过了，也就意味着我国转基因水稻、玉米投入商业化种植并不遥远。

对此，国内著名育种专家李登海表示了他的担忧。在前不久科技部一次种业座谈会上，李登海通过登海种业公司总经理李晓霞转述了自己的观点——"我国率先放开转基因种子商品化，将引起很多不可预测的后果。我国大型作物转基因研究基础很薄弱，拥有的合法基因很少，99％以上专利被国外控制。"②

由于李登海是中国育种界公认的顶级专家，又与美国先锋公司建立了合资公司，他的表态引发了不小的震动。

郎咸平教授在电视访谈节目中，专门谈到了转基因推广会遇到的专利问题③：

郎咸平：我这里有一个数据，绿色和平组织有一份最新研究报告，题目很有意思，叫做《谁是中国转基因水稻的真正主人》。当然了，就是孟山都等等。中国目前正在申请商业化的8种转基因水稻，没有一种具有独立的知识产权，而且上述8种转基因水稻，至少涉及了28项国际专利技术，是谁的呢？是孟山都的、德国拜耳的跟美国杜邦的，它们真正掌控了水稻的核心技术，因此我们这些所谓的科学专家，我可以告诉你，我把

---

① 参见孙芳华、孙雯：《我国转基因水稻或遭专利门槛？》，载《知识产权报》，2008－06－20。

② 降蕴彰：《转基因玉米惹争议，专家称99％专利被国外控制》，载《经济观察报》，2010－03－12。

③ 《转基因水稻的背后——郎咸平谈转基因》，见广东卫视·财经郎眼栏目。

他们的表面面纱一拨开之后，发现什么？他们连最基本的核心技术都不掌控，核心技术都是孟山都它们掌控的，中国的专家们只做一些表面上的工作，做完以后在中国让我们的老百姓吃。出问题的话呢，他们再做些转变。但是你想过没有，你有什么理由来推水稻，你连核心技术都没有，你还敢第一个做研究，还敢把产品放在我们的餐桌上。

主持人：所以说中国挺转基因水稻的这批专家们，他们的一个想象或者一个狂欢就是，我们可以通过像美国走转基因大豆的路子一样，通过转基因水稻来获利。但是专利在人家那里，你连"专"都没有，怎么获"利"呢？

郎咸平：28 项专利，你要付多少钱？各位晓不晓得，1996年孟山都在阿根廷搞了一件事，就是转基因大豆。刚开始不收专利费，免费种，等到转基因大豆席卷阿根廷后，从 2002 年开始，提高专利费席卷阿根廷。我们这个水稻，不但是我们吃了有毒的问题，有安全的问题，如果真的推广之后，谁获利？

李银：而且我个人有个观点，我觉得专家们可能没有意识到，孟山都那个做法背后的目的。我举个例子，孟山都跟湖南大学、华南农业大学等中国的科研机构合作，这个过程中就有陷阱在产生。为什么？它的试验的品种、植株是孟山都提供的，比如第一代转 PEPC 基因的水稻，是美国大学研究出来的，第二代的转基因水稻 Xa21，这个型号是美国的实验室出来的，它们都会受到一个叫做《材料转移协议》的保护。这个协议看起来好像不是专利申请的那种保护，但是你要知道，中国的研究机构跟他们签这个协议的时候是必须要签的，这表示什么呢？这个科研材料在科研的时候可以无偿使用，一旦商业化，它必须再跟孟山都等提供植株的公司再谈判，谈判的过程中要保证提供方的经济利益。这就是里面掩埋的陷阱。

郎咸平：我想给观众朋友们解释一下我们是如何受制于人的。整个转基因水稻的研发流程是孟山都等公司规定好的流程，你一定要按照这个流程走，因此从细胞染色体开始，一直到完成为止，要经过许多流程。走第一步孟山都等等掌控 22 项专利，走第二步孟山都等等掌控 7 项专利，接下来 6 项专利，接下来 15 项专利，在基本元件这块还有 9 项专利，也就是说当你做完水稻研发整个流程完成之后，要付 22 项的钱、7 项的钱、6 项的钱、15 项的钱，还有 9 项基本元件的钱，你知道这是多少钱吗？如果中国人都开始吃转基因稻米以后，我们买米的钱有一大部分将要付到这些专利里面。

李银：我们得为每粒米付出费用。

郎咸平：我们得为每粒米付出费用，对。

主持人：而且就算这次获得安全证书的这两种转基因水稻，牵涉的国外的专利就有 11 项，所以现在媒体，包括反转基因的专家也给了一个评价，说专利费这件事情是转基因食品的定时炸弹，它会安在这暂时不爆炸。就跟当时阿根廷危机一样，慢慢下来你必须要依靠于它，依托于它，没有它不行了，这个时候它再一爆炸。

李银：我这里有一个数字，其实整个中国和转基因相关的专利只有 7 000 项，不到美国的 1/10。就算我们想去搞科研，没问题，科研吧，不要商业化。处处是陷阱，处处是地雷。

郎咸平：也就是说他们的专利系统是一个地雷阵，能够把你做转基因任何可能用到的技术，全部给你做好专利。因此我们只要一走进去，就碰到地雷阵，我们的专利只是它们地雷阵之外一些细枝末节的小专利，真正的主要专利都在西方各国的种子公司手中。我可以大胆地讲一句话，将来我们研究任何农产品的转基因，百分之百的专利都是别人的，咱们只能做一些周边的专利，大专利百分之百都是别人的，因此我们只要走上转基因道路，就是受制于人。如果不想受制于人呢？就完全放弃转基因，好好地扎扎实实地按照我们自己的土方法，种我们自己的野生大豆，种我们自己的玉米，比如说目前东北的玉米大豆。这才是我们真正应该依赖的生产方式，而不是走入另外一个绝境，把我们的未来交给国际上这些跨国巨头，让它们席卷我们的财富。

不给国外公司授予专利我们就没有专利麻烦？

一些专家和机构认为，只要我们不出口转基因技术，不对一些国外厂商授予专利，我们就不会陷入专利泥潭。

黄大昉认为："在转基因水稻上，我们是拥有自主知识产权的。"他表示，专利问题要具体来讲，有的外国公司在国外有专利，但没有在中国申请专利，只要中国的技术不出口，就不影响在中国使用；有些外国公司的专利过期，也不影响中国使用；另外，中国还有不少自主研发并在中国申请专利的技术。[1]

华中农大基因改良实验室认为：

一项发明能否在中国受到专利保护，前提条件是必须在中国申请并获得授权。"通过专利授权检索我们发现，该报告指称的 12 项国外专利，有 4 项在中国提出了专利申请，1 项未获授权……在获得授权的 3 项中，1 项公告号为 CN1263946 的'合成杀虫晶体蛋白基因'发明，将于 2009 年在中国过期失效。……另两项专利的权利内容，和我国自主研发的 Bt 转基因抗虫

---

① 龙丽：《转基因水稻 中国有没有自主知识产权？》，载《21世纪经济报道》，2009 - 02 - 27。

水稻采用的技术、方法、材料完全不同。"①

　　而反对者则指出,这种关于专利问题的乐观想法难以站住脚。

　　第一,中国的专利保护范围虽然不包括植物、种子及后代,但保护制作转基因生物的方法、技术。而掌握这些基本方法、技术的国外公司可以在中国境内行使其权利。

　　第二,即使我们没有对国外公司的某些转基因技术授予专利,但只要该种转基因种子在中国市场上获得了垄断地位,我们就没有谈判的余地,不管叫专利费也好,技术使用费也好,都只能乖乖掏腰包。

　　第三,即使我们在国内就是不给专利费,当我们的转基因产品出口到专利保护范围更广的国家时,专利持有人就可以通过出口诉讼来达到收取专利费的目的。

　　方立锋是长期关注和考察国内外转基因生产的学者、农学硕士,现任绿色和平组织食品与农业项目组主任。他对本刊记者说,即使有关的专利没有在中国获得授权,专利的持有人同样可以通过其他的手段实现控制。例如在阿根廷,孟山都公司并没有为其转基因大豆申请专利,不过自 20 世纪 90 年代阿根廷开始种植转基因大豆,孟山都公司已经完全控制该国的大豆生产,阿根廷 99％的大豆都是孟山都的转基因大豆。孟山都公司的主要控制途径是与阿根廷的种子公司签订专利使用权转让协议,并要求支付使用费。由于对转基因种子收取额外的技术费,造成了现在转基因种子一般比常规种子贵 2～4 倍的局面,更为严重的是现在阿根廷几乎无法获取非转基因的

---

①　《转基因水稻安全性引发争论,华中农大实验室否认转基因稻米含多项外国专利》,载《瞭望新闻周刊》,2010-02-09。

种子。

方立锋说，中国的专利保护范围目前虽然不包括植物、种子及后代，但是仍然包括了转基因植物的方法、技术、基因序列和细胞。而世界环保组织绿色和平的专利调查报告指出的正是 Bt 转基因水稻所应用的方法、技术和目的基因，它们都在中国专利保护的范围之内，因此，专利持有人完全可以行使其权利。

另一个风险是：如果一个产品被出口到另外一个专利范围更广泛的国家，则此产品涉及的专利就可能在进口国的专利保护范围内受到保护。我国是水稻消费大国，同样也出口大量的稻米，如果转基因水稻出口到专利保护更为严格的国家，同样会受到影响。例如，孟山都公司向许多进口阿根廷大豆的欧洲进口商提起法律诉讼，要求支付赔偿金，因为孟山都已在欧盟为其转基因大豆申请了专利。同样情况也会发生在中国的转基因水稻出口上。[1]

占领生物技术制高点

"加强转基因研究，占领生物技术制高点"，这是支持和反对转基因粮食商业化推广的争论双方唯一没有争议的认识。反对转基因推广的人士，也主张大力进行转基因研究，集中国家力量，获得一批具有自主知识产权的技术。

一定要全力呼吁国家大力发展基因技术和基因产业，莫说现在我们国家还有钱发展基因技术和基因产业，哪怕就是没有钱，宁可牺牲一些其他传统产业，也要发展基因技术和基因

---

[1] 《转基因水稻"外国专利陷阱"是否存在？》，载《瞭望新闻周刊》，2010 - 02 - 09。

产业。

——张宏良，中央民族大学副教授

3月7日前，由五十几位全国政协委员分别联名的两份提案郑重地交给了正在召开的全国政协大会。两份提案分别由全国政协委员任远征和董良翚率先发起。这两份提案均从维护中华民族安全和国家安全的角度提出立即停止转基因水稻和玉米的商业化生产，同时主张应集中国家力量大力发展独立自主的基因技术研究。

双方争议的焦点在于：占领生物技术制高点是否一定要通过推广主粮的产业化来实现。

支持者认为，支持转基因技术的研究，意味着支持转基因技术的应用，支持转基因技术的应用，意味着支持转基因主粮的商业化推广。而反对者认为，技术研究不等于技术的商业化，转基因技术的研究毫无疑问是值得支持的，值得国家集中培育科技专项的，但正由于这种技术还不成熟，我国还没有获得完全的自主知识产权，更不能贸然进行主粮的商业化推广，否则将置消费者的生命安全和国家的粮食安全于巨大的风险之下。

"推进转基因生物技术研究应用是大势所趋，是我国实施科技兴农的重要战略举措。"农业部副部长危朝安2010年3月10日在十一届全国人大三次会议新闻中心举行的主题为"继续保持农业农村经济持续稳定发展"的集体采访会上，对记者提出的关于转基因作物的疑问作出回应。

危朝安说，转基因生物技术被称为"人类历史上应用最为迅速的重大技术之一"，发达国家纷纷把发展转基因生物技术作为抢占未来科技制高点、增强农业国际竞争力的战略重点，发展中国家也积极跟进。推进转基因生物技术研究与应用，是我国实施科教兴农、提升科技竞争力的重大发展战略。①

而张宏良副教授认为，如果只是为了发展基因技术和基因产业，完全可以选择其他任何动植物品种进行试验，没有任何理由一定要用中国的国民主粮进行试验，用13亿中国人民进行试验。可是，现在却是舍弃成千上万个动植物品种不用，偏偏要选择水稻和玉米这两个国民主粮进行试验，偏偏要选择13亿中国人民进行试验。

摩根大通银行的黄树东先生认为，本来转基因食品是否安全，是一个技术性问题，一个中性的问题。然而，当那些认为转基因食品安全的人，要尽快将转基因食品产业化时，这个本来中性的问题，就变成了一个风险评估的问题。

这个风险就是假如转基因果然是不安全的，那它将对中华民族的生存繁衍带来极大的危害。科学技术是不断发展的。在科技发展过程中有些技术是不断被"证伪"的。这是科技发展的基本规律。我们的专家学者们一定要放下傲慢的态度，对科学发展有谦卑之心。绝对的真理是不存在的。在过去几十年里，这种"证伪"的例子太多了。例如汽油加铅十分风行，后来证明大大有害；几十年前，人们认为的确良、尼龙等化纤要优越于天然的棉麻，现在人们回归棉麻；有些新药，即使通过长期的临床试验，通过美国药监局的复杂的审批程序，上市以后，还是发现了隐患被撤出市场。如此等等，难以尽数……

请问正反两方面的朋友，在下面两种风险中，我们应当选择那一种？

（1）假如转基因食品是安全的，我们今天不迅速产业化。

① 《农业部副部长危朝安：转基因技术是大势所趋》，见人民网，2010-03-12。

我们的风险就是，我们将同许许多多欧洲国家一样，在其产业化上，步子较慢。

（2）假如转基因食品是不安全的，我们今天迅速地产业化。我们的风险是，中华民族千秋万代的正常延续会打断。

两个风险，谁轻谁重？

商业化程度越深，就越容易占领技术制高点？

一些支持转基因推广的专家认为，只要推广了转基因主粮的种植，我们自然就能够在转基因领域占据跨国农业综合企业都难以撼动的"主导地位"，不能因为没有自主知识产权就不发展。

中国人民大学农业与农村发展学院副院长孔祥智告诉记者，中国获得批准的转基因水稻只要试验效果良好，然后大规模地进行推广，就可以迅速保证转基因水稻在国内市场的主导地位，来自美国等一些发达国家的跨国农业公司巨头也很难撼动这种主导地位。

从事转基因水稻研究20多年的朱祯研究员坦然告诉本报记者：转基因水稻的整个工艺，不完全是我国的技术。但是这不是阻碍我国发展转基因水稻的原因，因为这个问题不是我国的问题，孟山都这样的公司也会从别的公司购买专利。

"在全球化的今天，我不能想象一个复杂项目中，所有的技术都是一个开发商自主研究成功的。就像生产计算机、汽车等产品一样，知识产权不全在我们手里，我们就不生产了吗？"①

---

① 魏刚、陈永杰、李鹏、邹曦、王夕：《转基因水稻安全性四大焦点，是天使还是魔鬼？》，载《北京科技报》，2010－02－23。

而事实和实践表明，消费者众多，市场化程度深，绝不等于占领技术制高点。

就拿朱祯研究员提到的汽车和计算机为例来说。

2009 年，在全球金融海啸中，各国汽车市场江河日下，但中国汽车产销超过 1 360 万辆，同比增长 40%，并一举超过美国，成为全球最大的汽车生产国和新车消费市场。同时，中国在全球汽车市场所占的比重，也由上年的 13.3% 提高到 20% 以上。然而令人感到苦涩的是，这 1 360 万辆中究竟有多少是中国自己的品牌？现在，中国不仅成为大众、日产全球最大的市场，超过了它们的本土市场，而且其他跨国公司品牌的销量增幅也多为全球第一。2009 年中国其实是给全球汽车跨国公司举办了一场盛大的 Party！中国不过是在"为他人作嫁衣裳"而已，与销量第一相称的"汽车强国"地位差之甚远。①

为什么会这样？究其原因，在于没有核心技术，没有自主知识产权。我们在汽车发动机和变速器等核心技术的掌握上，甚至还不如韩国和印度。

与此相似的还有计算机行业。芯片技术、操作系统等大都掌握在国外公司手中，中国市场的利润大部分被跨国公司收入囊中，中国区的发展让这些企业在经济下滑的情况下仍能够交出合格的财报。而我国计算机行业的发展，这部分 GDP 的增长，很大程度上依赖的是别国的技术，依赖的是别国的产业战略，依赖的是别国的定价体系。计算机已经成为现代经济的神

---

① 参见《中国汽车不应以做跨国公司的第一大市场为荣》，见中国经济网，2010 - 03 - 15。

经，广泛应用在通信、交通、信息等关键领域，然而，中国经济体的这个神经网络却主要建立在别人的技术上。

人可以不开车，也可以不上网、可以不看电视，但不能不吃饭。如果要像中国的汽车产业、计算机产业一样去发展中国的转基因产业，在自己还没有完全掌握核心技术的情况下，敞开大门，迫不及待地投身全球化的浪潮之中，"谁来养活中国"将从一个戏谑变成一个真正的疑问。

由此看来，市场化程度深不等于可以占领技术制高点。产业化之路，在没有自主知识产权保证的前提下，在别人手握关键技术的情况下，不是通往技术制高点之路，而是"通往奴役之路"。

而如果把眼光放得更广阔一些，放到全球政治的视角下来看，基因有没有可能成为某些国家、某些利益集团实施全球战略的工具？有没有可能像核技术一样成为战争武器？中国人民大学的周立副教授的文章《已经展开的基因战争与人类未来》也许可以为您提供一些启发。

附录5—1：已经展开的基因战争与人类未来[①]

周立　中国人民大学　副教授

一、过去十年：基因战争已经在全球范围打响

过去十年来，所谓的生物技术的突飞猛进，使得世界早已经展开了一场类似核竞赛，又远远比核竞赛严重、比核战争隐秘的基因竞赛和基因战争。如果不能及时认识这场竞赛和战争的性质，做出相应的战略部署，就会在这场隐秘的世界大战中成为输家。不仅是被基因武器控制的国家和人民是输家，全世界所有国家和人民、自然环境、生态系统，以及子孙后代，都会成为这场战争的输家。战争中的暂时赢家，可能仅仅是少数几个在这场"赢家通吃"的竞赛中牟取全球暴利的跨国公司，以及在这个利益链条上暂时分摊到一点点好处的少数利益集团成员而已。事实上，当1998年美国孟山都公司购买了一项叫做"终结者"技术的专利时，对于转基因技术的一切高尚表达，都变得苍白无力了，当有人处心积虑地要把人类生存繁衍的作物种子，都变成私有财产时，还有什么高尚可言呢？实际上，在人类依靠自然恩赐的生存逻辑，被置换为资本控制的现代逻辑时，这场战争的性质就清楚显明了——这是一场只有一个得胜者的竞赛，如同微软在互联网领域做到赢家通吃一样。不幸的是，互联网给我们提供的，还只是弹性消费服务，我们接受与否，还可以有选择。而转基因在意图控制我们的生存环境，控制我们日用的饮食，无人可以在这场战争中置身事外。

二、中国是如何落入基因战争的？

中国也不可避免地落入了这场战争。因为在公众利益、子

第五章 • 自主创新还是受制于人？

孙利益、长期和谐发展，以及上述利益的代表者——中国中央政府面前，已经凝结了各种各样的利益集团，使得短期利益胜过了长期利益，也使得可持续发展和和谐社会、和谐世界的创建面临巨大的挑战。

就转基因技术而言，至少有七股力量已经联合，形成一个利益相关者的利益同盟，从而凝结出一股强大的势力，使得害多益少的转基因技术发展，成为一股势不可挡的大潮。

1. 跨国粮商得利润。

跨国粮商在粮食国际贸易和转基因技术的开发应用上，早已形成了寡头垄断。跨国粮商的运作模式，已经做了"三个全"：全球化经营、全环节利润、全市场覆盖。粮食政治在跨国粮商的全球战略中，变成了政府和公司的配合。每一个跨国粮商，都有清楚的政府背景，也有清楚的国家政策配套，他们能打组合拳，实施各种战略。而其他国家，往往认识不到这些"阳谋"，稀里糊涂就做了瓮中之鳖。

2. 外国政府得战略。

"粮食政治化"使粮食成为国际政治硬实力的一项标志。从20世纪50年代开始，美国就着手重塑粮食政策和世界粮食结构。从"取消世界粮食储备制度"到"农业商业化"、从"绿色革命"再到"第二次绿色革命——转基因革命"和"生物燃料计划"，不断使用新技术来逐步控制世界粮食生产和贸易。在粮食商品化和粮食政治化的相互作用下，现在已经有不少国家由于引入了美国的现代农业技术、转基因种子和化学肥料，导致其农业走上了对美国依赖的不可逆的进程。

3. 地方政府得政绩。

虽然生物育种领域的转基因技术使用，涉及国家粮食安全、食品安全、粮食主权，以及国家长远战略等，但这并不在地方政府的利益函数中。试问，地方政府有什么义务去提供国家公共物品、国家战略品呢？地方政府官员的主要动力，就是在短期内做出政绩，寻求提拔。招商引资，是做政绩的最佳路径。

4. 中资公司得好处。

中资育种公司，由于缺乏跨国公司"全球化经营、全环节利润、全市场覆盖"的优势，也难以在国内种子市场条块分割、农户小规模经营、产业链条未经整合的国内市场形势下，获得长足的发展。因此，当种子行业的跨国公司伸出"友谊之手"的时候。中资公司的管理层和雇员，会因为短期内可以得到高额的收入和集约化、市场化、产业化平台，会寻求合资、合作，甚至选择被兼并，以得到短期的好处。

5. 科研院所得经费。

以获取研究经费和科研发表（求利又求名）为目的的高校与科研院所的转基因研究，并没有动力与国家安全和国家战略保持一致。诸多跨国粮商和跨国种子公司，已经在不少重点高校与科研院所，以资助研究、资助办学、发放奖学金、举办会议、合作研究之名，"俘获"了各大科研院所与科研人员，成为一个个为了研究经费、成果发表（尤其是 *Nature*，*Science* 以及各类 SCI 国际发表）和生物试验与商业推广，而主动为其效力的部队。

6. 国家部门得租金。

转基因研究的潮流，使得跨国公司的院外集团，可以轻易地以少量的利益交换，就能俘获具体经办人员，致使社会公众利益、国家安全、长期战略等，因缺乏相应利益表达者，被逐渐，而且轻易地攻破底线。使得转基因研究、开发、应用等，逐渐成为事实。一些跨国公司的负责人扬言：中国开放转基因的研究和推广，是迟早的事情；中国认可并开放转基因育种市场，指日可待。所以，跨国公司在这样一个明确预期下，不断排兵布阵。它们以直接和间接的利益交换，来换取国家有关部门和经办人员的信任，从而不断地攻城略地。中国近些年在粮食领域、在转基因研究上，已经不断地在开放，在落入被"俘获"的罗网。

7. 种粮农民得闲暇。

转基因种子，也会得到农民的普遍欢迎。一方面，转基因处理后，作物会有了抗药、抗虫等特定的抗性，会减少农药、化肥以及人工投入，使得农民可以更加安心地出外打工，得到闲暇时间，以更多的农外收入，来弥补农业收入的不足。另一方面，转基因种子在出芽率、抗倒伏、结实率等方面，会有一定程度的提高，会带来短期的产量效应，短期的种子廉价或者免费销售策略，以及收成的回收加工策略，也会使农户得到短期内的收入效应。从而，会在短期利益的驱使下，主动采用转基因种子，以获得短期收益。最终，会出现劣币驱逐良币效应。就像中国的大豆已经出现"劣豆驱逐良豆"一样。也可能会有些人从市场理性和农民理性的角度，来解释转基因种子的使用。实际上，在农业领域，在转基因技术领域，市场理性和农民理性的基本假设前提，都不存在。巨大的信息不对称、技术不对等，组织的极度不平衡、农作物周期和农民收入周期的长周期性，以及土地用途、种子用途的近乎不可逆性，使得所谓的市场理性和农民理性，都只是极其短暂的视角。

上述 7 个利益集团已经自觉和不自觉地里应外合，形成一个转基因农业发展的利益链条。而且，在上述 7 个利益集团中，只有 2 个是外部敌人，其他 5 个来自内部。内敌远远大于外敌。在利益驱动下，诸多机构和个人甘心做买办，以获取短期利益。在上至地方政府，下至农民百姓没有长远预期的情况下，短期利益的考虑占据了主导地位。"十年二十年之后，哪管洪水滔天?!"

实际上，种子的问题，远远不是商业利益所能涵盖的。种子问题涉及生态环境、国家安全、民族文化、子孙后代、社会稳定等，是涵盖自然与社会系统，涉及千秋万代的系统工程。即使是转基因技术处于绝对领先地位的欧美国家，也没有人简单地把它产业化、市场化。在国家战略性、国民经济命脉性的领域，没有哪个国家会相信仅仅通过市场，就能做好事情。而且，对于生物多样性重要性的认识，对于生命系统复杂性的认识，人类可能还只是略知皮毛。就如《植物的欲望》所言，在多样性上冒险，也就是在让世界垮塌上冒险。建议一切人类中心论者读一下《植物的欲望》，听一听苹果、郁金香、大麻和马铃薯，给我们讲讲人类如何成为蜜蜂的故事吧。

Chapter Six ● 第六章

被动接受还是主动选择?

关于转基因粮食安全证书的批准:
转基因食品是不是关系民生的重大事件?
普通老百姓应不应该在政策制定之前和政策制
定过程中了解情况? 公民参与在公共政策制定
过程中应该扮演什么角色?

在转基因食品的销售环节，消费者的知情权远远得不到保证。

早在 2005 年，就有媒体曝出：广州市某市场发现有 Bt 转基因稻米出售，这些稻米均来自湖北枣阳，包装袋上并没有转基因标识，而且令人惊奇的是厂家竟然不知何为"转基因"。①

在中国大豆产业基本被进口转基因大豆攻陷的今天，在超市购买豆奶等大豆制品的消费者注意过豆奶是否含有转基因成分吗？如果想找出辨别的标识，能够找到吗？

豆奶？转基因？

事实上，很多早上就着豆奶咽馒头的消费者并不知道二者有何关系。不过，现在有人发话了。

"这侵犯了消费者的知情权"，7 月 6 日，中国食品发酵工业研究院植物蛋白研究中心主任涂顺明"抱不平"，他认为：目前市面上许多用进口转基因大豆加工的豆奶、大豆饮品都没有标注"转基因标识"，不妥。

此前，涂顺明曾参与《豆奶和豆奶饮料》行业标准的起草。

今天，记者走访长沙各大超市，的确部分豆奶产品未标出转基因标识，而省农业厅的专家也认为"转基因农产品作为原料的食品应强制进行标识"。

一位不愿意透露姓名的业内人士透露，像广东等沿海省份的豆制食品加工企业，其原料可能大部分是来自国外的转基因大豆，"部分厂家因为考虑可能面临的销售压力，迟迟不愿贴上转基因标识。"②

---

① 参见《消费者应获转基因产品知情权，穗某市场疑售 Bt 转基因稻米，其出品厂家称不知情》，载《南方日报》，2005 - 06 - 15。

② 张云、邢云：《多数豆奶未标注"转基因"，侵犯消费者知情权?》，载《三湘都市报》，2009 - 07 - 10。

目前，广东市场上90％以上的木瓜都是转基因的了，但是广大消费者还并不知情。

"目前广东市面上九成多木瓜为安全的转基因木瓜！"日前，在华南农业大学与植保（中国）协会在广州联合召开的"农业生物技术保障粮食安全"的研讨会上，国内唯一申报转基因木瓜种植项目的负责人、华南农业大学李华平教授如此告诉记者。

但令人诧异的是，国家明明规定列入农业转基因生物目录的农业转基因产品，应当加贴明显的标识。而记者走访广州市场却发现，广州市面上木瓜的转基因标识集体性"缺席"。

记者昨日走访广州多个市场发现，市面上的木瓜并没有任何"转基因"字样的标识。记者在广州多家超市看到，里面的木瓜散装摆放，除了一个硕大的价格告示牌，告诉消费者产地、价格、品种等之外，并无其他提示。

"广州市面上竟然有这么多转基因产品？"面对记者的提问，受过高等教育的何小姐也一脸茫然，她说，之前听过转基因大豆的新闻，但是不知道广州市面上95％的木瓜是转基因产品。"标识了转基因，有些消费者怕转基因木瓜有潜在风险不敢吃呢！"客村附近的某大型超市的销售人员一语道破天机。①

根据中国人民大学公共管理学院和国家环保总局南京环境研究所2005年对北京12个超市1 000位消费者的调查，96.9％的消费者要求对转基因生物及其产品进行标识，其中有48.1％的消费者要求标识醒目。也就是说，绝大多数消费者希望保障自己的知情权，但现实中消费者的知情权却受到了侵犯。

21世纪以来，人们对各种听证会已经屡见不鲜了，出租车

① 刘幸：《市场上95％木瓜为转基因食品 敢上市卖不敢言明》，载《广州日报》，2010－01－04。

涨价听证、水价涨价听证、环保污染听证会、房屋土地纠纷听证会……听证会给了广大群众了解和发表意见的途径，培养了公民的社会参与意识与参与能力。2009 年，上海出租车涨价没有听证，华东政法大学、上海交通大学、复旦大学、社科院法学所等高校、院所的多位行政法专家、经济学界知名教授还进行了研讨，质疑上海市政府行为涉嫌程序违法，要求上海市政府依法行政，以免损害政府形象。①

全国人民代表大会常务委员早在 2005 年，就在个税起征点问题上举行了听证，是我国最高立法机关首次立法听证。

具有不同行业背景、收入各异、且说话带有各自地方口音的 20 名代表 2005 年 9 月 27 日在北京就个税起征点究竟应该是多少钱发表意见。

他们正在参加中国最高立法机关首次举行的立法听证会。这些从近 5 000 名报名者中遴选出来的代表所发表的"个人看法"，将成为全国人大常委会修改个人收入所得税法的"重要根据"。

听证会主持人、全国人大法律委员会主任委员杨景宇说，个税法中关于个税起征点的规定受到普遍关注，在常委会审议法律案过程中举行听证会，听取社会各界的意见，这在全国人大常委会立法历史上还是第一次，"这是第一次，也是全国人大常委会坚持群众路线、充分发扬民主、增强立法工作透明度，推进民主立法的一项重大举措。"

税法修正案草案起草部门、全国总工会、东中西部省区市财政税务部门人员也作为听证会代表，在规定的 8 分钟时间内发言。选自报名参加听证会的另外 18 名代表，作为旁听人参加

---

① 见 http：//bsg. gmw. cn/u/44069/archives/2009/95195. html。

听证会。①

《规章制定程序条例》第十五条规定，起草的规章直接涉及公民、法人或者其他组织切身利益，有关机关、组织或者公民对其有重大意见分歧的，应当向社会公布，征求社会各界的意见；起草单位也可以举行听证会。听证会依照下列程序组织：

（一）听证会公开举行，起草单位应当在举行听证会的30日前公布听证会的时间、地点和内容；

（二）参加听证会的有关机关、组织和公民对起草的规章，有权提问和发表意见；

（三）听证会应当制作笔录，如实记录发言人的主要观点和理由；

（四）起草单位应当认真研究听证会反映的各种意见，起草的规章在报送审查时，应当说明对听证会意见的处理情况及其理由。

全国人大代表彭镇秋认为："无论是立法机关、政府部门还是平头百姓，大家在一个共有的规范化、程序化的形式载体中，学习、体验了如何表达意见、协调利益，以求公平正义的法律实现。这是立法听证会本身具有的效应和超越其自身形式的意义。"确实，政府部门和普通老百姓，通过听证会等形式，共同学习、体验如何表达意见、协调利益，以求公平正义的实现，这不仅是立法听证会，也是所有的民主参与形式最重要的意义所在。

正如温家宝总理在2010年3月14日的中外记者新闻发布会上所说，"公平正义"比太阳还要有光辉。而"公开"尤其是"行政公开"，就是达到"公平正义"最有力的保证。

---

① 《个税听证：中国最高立法机关首次举行立法听证会》，见新华网，2005 - 09 - 27。

《中华人民共和国政府信息公开条例》于 2008 年 5 月起施行，条例的第九条规定：

行政机关对符合下列基本要求之一的政府信息应当主动公开：

（一）涉及公民、法人或者其他组织切身利益的；

（二）需要社会公众广泛知晓或者参与的；

（三）反映本行政机关机构设置、职能、办事程序等情况的；

（四）其他依照法律、法规和国家有关规定应当主动公开的。

来自英国的詹姆斯·基利在《生物安全决定过程中的公众参与：连接国际及中国经验》一文中指出[①]：

生物安全委员会组成人员包括许多中国最受尊敬的转基因权威人士，所有的成员来自 8 个部门或研究机构。目前尚无成员来自民间社会团体，或农民和消费者代表。中国国内的一些科研人员也提出担忧，在委员会中生物技术专家的人数远远多于生态学家和其他学科的专家（Keeley，2005），甚至也没有来自国家环保总局的代表（根据现有的委员会名单）。

目前的申请过程本质上是秘密的，仅知道安委会一年开两次会，但不知道讨论的是什么，甚至最后的决定也不公布，因此无从知道下列信息：

- 呈交申请批准的品种特性
- 申请人
- 田间试验地点
- 呈交日期

---

① 詹姆斯·基利：《生物安全决定过程中的公众参与：连接国际及中国经验》，见《转基因生物风险与管理——转基因生物与环境国际研讨会论文集》。

- 风险评估过程的评估指标体系

- 拒绝一个申请的理由

- 安委会批准的申请名单

如果上述信息可以公开获取，将促进公众参与，并潜在地有助于改善决策过程。

而做客人民网的彭于发研究员则认为，转基因安全证书好比结婚证，按"惯例"不予公开是正常的。

网友：作为一项关乎民生的证书，转基因证书颁发的过程似乎有点低调了，有媒体还形容说有点"偷偷摸摸"，为什么农业部颁发这样一项安全证书，不能"光明正大"地颁发呢？

彭于发：……比方说结婚证，结婚证当然是结婚的男女双方给结婚证，没有必要说把这个结婚证一定要发布到网上，要让大家都知道。所以，我觉得至少在农业部进行安全评价管理的过程中间，有一个习惯性的惯例。从1997年到现在，证书一直是颁发给研发方和申报方，没有对社会公开，这也是我们国家行政审批的一个惯例。不是因为转基因抗虫的水稻就是这样，而是包括抗虫棉的中间试验，就是非常小规模的转基因抗虫棉的中间试验的审批，也没有对外公开。①

彭于发研究员的话导致人们产生了两个疑问：

第一，转基因水稻和玉米的安全证书是不是好比男女双方的结婚证？

这点比较好理解，彭于发研究员认为安全证书好比结婚证，主要是认为安全证书是由申请者申请，批准者批准的一件事，申请者的申请被批准者批准了，就好比男女双方同意结婚了，

---

① 《转基因安全委员会：转基因证书没有"偷偷摸摸"》，见人民网科技频道，2009-12-25。

因此这个安全证书就好比结婚证了，是双方的承诺。但是彭研究员忘记了，男女双方结婚以后，过的是"二人世界"，万一哪一天夫妻感情破裂，结婚证变成离婚证，也就是2变成1和1的事儿，不妨碍到别人。而转基因安全证书批准以后，千家万户都得吃批准以后的转基因粮食，这个粮食能不能吃？吃了以后会怎么样？吃了以后孩子会怎么样？万一吃出问题又会怎么样？这是每一个公民都关心的问题。

第二，"不公开"是不是国家行政审批惯例？

"阳光是最好的防腐剂"，行政公开，保证公民的知情权，已经成为我国依法行政的重要内容，从"不公开"到"公开"，正是行政改革的重中之重。

早在2001年，国务院行政审批制度改革工作领导小组就印发了《关于贯彻行政审批制度改革的五项原则需要把握的几个问题》的通知，通知中明确指出：

> 设定和实施行政审批要贯彻公开原则。除法律、行政法规另有规定外，应当公布行政审批的内容、对象、条件、程序、时限。行政审批结果一律公开。

> 行政审批机关应当保证自然人、法人和其他组织依法行使对行政审批的监督权。相对人对行政审批提出异议的，该行政审批机关必须作出书面说明，并告知相对人有申请行政复议和提起行政诉讼的权利；相对人对行政审批机关工作人员的违纪违法行为进行举报、投诉的，行政审批机关应当依法及时核实、处理，并将处理结果以适当方式及时回复举报人、投诉人。

可见，无论是根据《中华人民共和国政府信息公开条例》还是根据国务院行政审批制度改革的指导思想，"公开"是必需的，"不公开"是应该被改革的。

然而，从国家环境保护部生物多样性研究的首席专家薛达元被"挤出"生物安全委员会的经历，表明即使在不公开的安委会当中，反对的声音也是多么的稀缺和不受欢迎。

据《商务周刊》从多方了解，转基因专项从专家论证阶段伊始，支持派专家就占到了绝大多数，主导了整个项目的论证。持审慎态度，尤其是强调风险评估和管理的生态学家，在此过程中感受到了巨大的压力。

薛达元，国家环境保护部生物多样性研究的首席专家，也是从一开始就旗帜鲜明地强调风险评估和风险管理、谨慎进行转基因作物商业化生产的科学家，在专家论证会议上就遭遇了尴尬。2007年上半年薛达元代表环境保护部参加的一次专家论证会议上，他成为仅有的一位在会上提出审慎发展转基因产业意见的代表。

薛达元告诉《商务周刊》说："我主要'轰'了两条意见，其一，从这么多年的农业发展来看，并不是主要靠转基因技术，还是以常规技术为主。因为涉及利益、名利问题，大家对转基因技术研究一哄而上，却忽视了常规研究，导致后者资金短缺，相比转基因来说，农业常规技术发展缓慢；其二，转基因研究涉及几个风险，包括技术难度、公众接受程度、专利纠纷以及作物基因安全性等等，这些问题解决不好，会伤害到转基因产业的长期发展。"

话音一落，会场陷入了沉寂。"此后，最多有两三个人附和了我的观点，有专家也提出，不能将'宝'押在转基因技术的发展上。"然而，至于后来这些意见是否得到了进一步讨论且贯彻在方案的起草中，薛达元已经不得而知，因为那是他最后一次受邀参加专家论证会议。

"一些专家因此对我有些意见，后来的会议也没有让我参加。"薛达元无奈地说。

据了解，早在 3 年前，农业部召开会议就农业转基因管理办法征求意见。曾经有人提出严格转基因食物标识等管理问题，立时遭到四五位支持派科学家的批评。

"反对的声音很弱，因为科研课题被把持，搞风险评估的科学家不愿提出反对意见，就是发现了问题，也很少提出。大家一团和气。一旦通过，搞转基因开发的科学家获利极大，而搞风险评估的科学家也不损失什么，所以也并不是人人都能尽职。"薛达元激动地说，"我提这些意见也是基于国家和民众利益考虑。"

他说："关于转基因问题，中国有 100 个专家，如果发出的都是一个声音，这是非常不正常的，总是需要有人提出不同的意见。"①

中国政法大学的教授从决策和法律两方面解读了政府在转基因问题上低调行事的思路：第一，避免麻烦，第二，没把握。

曾参与起草《中华人民共和国转基因生物安全法》的中国政法大学环境法学教授王灿发告诉《北京科技报》，政府在进行一项决策时，会预料到肯定有支持和反对的声音，为了减少麻烦，也愿意采用低调的做法。

中国对转基因的策略其实是很中立的，既不宣传它的好处，也不宣传它的坏处。所以转基因实行很久以来，也很少能在主流媒体上看到宣传转基因危害或者好处的报道。政府采用的基本就是不张扬的态度，因为谁对这个都没有确定的把握。

在国际法上，有一个科学不确定性原则，对这种不确定性和可能的风险一般都会宁可信其有而不可信其无。政府的低调

---

① 袁瑛、吴丽：《转基因产业首获政府明确支持》，载《商务周刊》，2008 - 09 - 09。

可能就源于此。①

当人类从童年走向成熟，当学科门类被划分得越来越细，某些术语只有少数专家能够听懂，当科学技术披上了越来越神秘的面纱，普通人对于事关自己的科学研究和政策制定，还有没有知道的权利？有没有参与讨论的资格？不是专家是否就意味着只能"被选择"、"被决定"？在作出超越自己知识范围的判断时，常识和伦理是否可以发挥作用？

到此，我们就尽力为您呈现出了当前关于"转基因"的全国大论战场景。

美国前国务卿基辛格曾说过："谁控制了石油，谁就控制了世界，谁控制了粮食，谁就控制了人类。"在这个信任与猜忌时隐时现、对话与对抗相互交织、合作和遏制轮番登场、伙伴和对手身影交错的今天，怎样面对地球上经过基因修饰、改造过的转基因生物？怎样面对这些转基因生物制品在我们生活中的进与退？怎样看清转基因产品背后的人和事？怎样看待这些人与事背后更大的国家利益和更广阔的全球战略？

这些问题的答案应由人民给出。

---

① 魏刚、陈永杰、李鹏、邹曦、王夕：《转基因水稻安全性四大焦点，是天使还是魔鬼？》，载《北京科技报》，2010 - 02 - 23。

附录6—1 转基因水稻的核心问题是什么?

熊 蕾 新华社 编审

批准种植转基因水稻,即便仍是试验性的,也已经引发了争议:中国是否应当在世界上率先把一种主粮转基因化?

毫不奇怪,鼓吹转基因水稻的人谴责反对者对生物技术"无知",有转基因产品"恐惧症"。他们不遗余力地向公众保证,转基因水稻是安全的,并用各种数据资料支持他们的观点。

然而,转基因水稻的核心问题并不在于它是否安全——如果我们陷在那个争议里,争论就永远没有完结。在这个纠结中真正的重要的,是我们老百姓的权利是否会得到尊重。

这一系列的权利中,首当其冲的是我们的选择权。我们还有没有不消费转基因水稻和其他通过转基因技术生产的食品的权利? 我们有没有权利要求农业部尊重我们对非转基因食品的偏好?

我可以接受转基因水稻是安全的说法。但是我不喜欢在我还没有消费它的心理准备时,别人把它强加给我。谁也不应当剥夺人们选择自己喜爱的食物的权利,谁也不应当造成这样的一种局面,就是我们除了转基因水稻,别无选择。

而这个担心并非没有来由。多年前,转基因棉花就在人们不知不觉中,在中国推广开来,打的是"超级棉"的旗号。在官方的批准尚未发下之前,号称"超级棉"的转基因棉已经在中国遍地开花。

谢天谢地,转基因棉不是食用作物。但是接踵而来的就是进口的转基因大豆和玉米,它们几乎主宰了我们的食用油市场。我们仍然可以用那些转基因食品不是我们直接消费而是通过加工的想法,来解脱我们自己。

尽管如此，含有转基因成分的食用油仍然是在我们并非愿意的情况下强加给我们的。农业部实际上对此至今没有给我们一个负责任的解释。现在，他们又决心商业化种植转基因水稻了，这一次，我们这些偏向传统水稻的人，不能再放弃我们选择的权利了。我们有权拒绝把转基因水稻强加到我们的餐桌上，我们的这个权利，必须得到尊重和保护。

　　换句话说，如果试验性乃至商业化种植转基因水稻的决定不可更改，政府也必须采取有效的措施，保证种植不超越所批准的边界，也不允许对非转基因水稻的污染。对任何违反规定的行为，必须有明确的处罚。

　　这个问题涉及的另一个权利，就是我们的知情权。我们不仅应当知道超市货架上的食品是否含有转基因成分。我们还应该知道别的问题。

　　比如，我们必须有权知道，转基因水稻是解决 21 世纪粮食问题的唯一方案吗？如果是这样，那么为什么除了中国，没有其他任何国家种植人类直接食用的转基因主粮？为什么仅次于中国的世界第二人口大国印度，也是水稻的生产和消费大国，选择拒绝转基因水稻？如果有人断言转基因粮食是养活我们人口的唯一出路，这是否意味着其他的生物学手段已经穷尽？

　　人们不需要很多的科学知识就可以知道，情况远远不是这样。虽然转基因水稻的鼓吹者们声称，转基因技术发展很快，但是他们自己的数据却显示，在转基因技术释放出来有 20 年之后的 2005 年，世界上还只有 21 个国家 850 万农户种植转基因作物。这个数字并不能给人深刻印象。而且他们不会说的是，有事实显示，那些农户中，有很多，特别是在中国，是在根本不知情的情况下被忽悠着种起转基因作物的。

　　如果转基因粮食并不是解决粮食安全问题的唯一抉择，那么中国为什么要急于成为转基因水稻商业化的第一国呢？

这就关系到我们需要知道的另一个问题——中国对粮食生产的研发投入是否平衡？也就是说，研究资金是否过于向转基因食品倾斜？有消息来源说，农业生物技术方面的科研资金多半都给了转基因食品，而研究转基因的科技工作者主宰着这些资金的分配。果如此，这肯定是不妥的，因为主管科研资金的人应当没有个人利益的卷入。

转基因水稻或者广义上的转基因粮食的问题，还关系到我们的发言权，或者说我们的参与权。因为我们是转基因食品最终的目标消费者，即使转基因食品没有风险，我们对这个问题也应该有发言权。这不是几个科研人员和官员可以替我们决定的事，尤其是在这整个过程中还有这么多的问号在里面。

附录 6—2 人民代表和政协委员的声音

(2010 年 3 月两会上关于转基因问题的部分提案和讨论)

致公党中央建议[①]：

一、完善转基因食品安全性的政策、法规建设

目前各国政府对生物安全的管理主要分为两大类：一类是以产品为基础的管理模式，以美国、加拿大等国为代表，其管理原则是，以基因工程为代表的现代生物技术与传统生物技术没有本质差别，管理应针对生物技术产品，而不是其生物技术本身；另一类是欧盟等以技术为基础的管理模式，认为重组 DNA 技术本身具有潜在的危险性，因此，只要与重组 DNA 相关的活动，都应进行安全性评价并接受管理。虽然中国政府非常关注生物技术食品的安全，但是，就生物安全性的整个立法要求而言，还不能满足生物安全管理的需要。为此，建议加强对转基因食品安全性的政策、法规建设，制定具操作性的国际间生物技术食品安全管理准则。

二、控制或限制转基因动物或植物的种养植区域

利用各种媒体宣传转基因食品的知识，尤其是由于现代社会时空的变小，充分认识我国天然地理屏障过去对中华民族的保护作用减小，注意有预见性地保护好天然动物或植物。没有充分的证据表明其将来的绝对无害和安全以前，控制或限制转基因动物或植物的种养植区域，防止天然动物或植物基因受到入侵。

三、保障消费者食品安全，提高消费者的知情权和选择权

作为消费者，有权知道转基因食品的优点或可能存在的安

---

① 赵玲：《致公党中央建议：转基因食品应实行强制性标签管理》，载《中国医药报》，2010 - 03 - 12。

全性问题，有权选择是否食用转基因食品，这就要求每一种转基因食品（无论有无潜在危险性）都必须贴上标签以与天然食品加以区别，使消费者自主加以选择。欧盟的标签管理法规已充分尊重了消费者的知情权，并保证了消费者的自主选择权，我国也应推行相应的强制性标签管理方式。建议每一种转基因食品在上市时都应同时附上一份详细的资料，标注包括该食品的构成、标记基因、特点及可能的危险性等方面的内容。

五十几位全国政协委员联名的两份提案呼吁：停止转基因水稻和玉米商业化生产

2010 年 3 月 7 日前，由五十几位全国政协委员分别联名的两份提案郑重地交给了正在召开的全国政协大会。两份提案分别由全国政协委员任远征和董良翚率先发起。这两份提案均从维护中华民族安全和国家安全的角度提出立即停止转基因水稻和玉米的商业化生产，同时主张应集中国家力量大力发展独立自主的基因技术研究。

全国人大代表钱海鑫：加强对转基因生物及其产品监管力度[1]

全国人大代表钱海鑫认为，目前，农业转基因食品管理方面主要存在的问题有以下方面：一是对转基因食品的知识信息了解不够。二是虽然国家在《农业转基因生物标识管理办法》中明确了从中央到地方的农业行政主管部门负责农业转基因生物标识的监督管理工作，但由于监督管理的主要环节在于流通领域，而市场监管仅靠农林几个部门的力量远远不够，检验检疫部门对进口预包装食品的标识可以有效控制，但对非预包装

---

[1] 《钱海鑫代表：加强对转基因生物及其产品监管力度》，见苏州新闻网，2010 - 03 - 12。

转基因食品则力不从心。三是"不标"的现象普遍存在。当前市场上有很多转基因食品，但实际上大多没有作明确标识，消费者无法鉴别。四是国家对农业转基因生物产品成分的检测体系还不健全，在对市场产品进行监督时，对可能涉及的农业转基因农产品无法判定是否含有转基因成分，缺乏有效的农业转基因食品监控手段。

钱海鑫建议，依法加大对转基因食品监管力度；加强对转基因食品标识管理；建立健全相关职能部门协调合作机制；尽快建立农业转基因生物检测体系。

全国政协委员李玉玲：贸然将转基因大米商业化将带来严重后果

2010 年 3 月 10 日，在人民大会堂，全国政协委员、北京新世纪成功集团董事长李玉玲在接受记者采访时认为，转基因食品的慢性安全问题应该引起政府的高度关注，贸然将转基因大米商业化将带来严重后果。

全国政协委员王执礼：转基因食品管理宁保守勿激进[①]

全国政协委员王执礼在政协小组会发言时说，应严格我国转基因种粮准入，确保人民群众生命健康安全。

王执礼建议，建立转基因食品准入制度，推广转基因谷类，须报请全国人民代表大会进行集体审议；尊重人民群众的知情权和选择权，并通过严格的制度设计来进行评估以规避风险；加强对我国转基因食品研究机构和工作人员的规范管理，其科研成果应由高级别专家评审团严格进行评审和鉴定。

---

① 参见范颖华：《政协委员王执礼：应严格转基因谷类粮种准入制度》，载《小康》，2010 - 03 - 05。

4 位全国政协委员联名递交提案疾呼应暂缓转基因水稻商品化①

汪苹、张济顺等 4 位全国政协委员联名递交提案，疾呼"目前还没有足够科学手段去评估其风险，应暂缓转基因水稻商品化"。

全国政协委员袁隆平：号召志愿者吃转基因食品②

2010 年 3 月 4 日，全国政协委员袁隆平在接受凤凰网和《人民政协报》联合访谈时说，我愿意吃转基因的抗病抗虫食品，我吃了没有问题，还不行，因为我现在没有问题，下一代怎么样？我已经有了下一代，号召志愿者，年轻人，他来吃，他吃了，他生的儿子也没有问题，这就没有问题了。应该是这样一个态度。

全国人大代表程恩富：粮食生产应用转基因技术存在重大风险③

全国人大代表程恩富认为，种植转基因粮食和食品存在诸多风险，他建议清理现有转基因粮食作物科研生产管理方面的法律法规，同时对现有转基因粮食种子的科研、试验、生产种植和交换销售情况进行全面的调研，并加强对转基因食品进口、销售和生产的监管，对现有进出口转基因粮食和工业原料等领域进行风险评估，使转基因技术商业化的决策遵循民主化、法制化的轨道，切实保证公众的知情权和参与权。

---

① 《4 位政协委员联名提案：暂缓转基因水稻商品化》，见新华网，2010 - 03 - 11。

② 《全国政协委员袁隆平：我自己吃转基因食品没问题还不行》，见人民政协网，2010 - 03 - 04。

③ 参见程恩富：《粮食生产应用转基因技术存在重大风险》，见和讯网，2010 - 03 - 09。

全国人大常委方新：对转基因食品问题要正面引导，让公众有知情权和选择权①

在十一届全国人大常委会第十三会议分组会上，方新委员认为，对转基因食品问题要正面引导，让公众有知情权和选择权。

方新委员说，《食品安全法执法检查报告》写得很好。报告对食品安全法实施以来各级政府在食品安全方面的主要举措和取得的成效，以及目前存在的问题，做了实事求是的分析，并提出了相应的建议。

方新委员说，从执法检查情况来看，当前在食品安全方面突出的问题，首先是监管体制的问题，既有越位也有缺位，综合协调机制不健全。当时检查的时候，国家食品安全委员会按法律来说应该成立，但尚未成立。最近成立了，希望能真正发挥作用。与监管机制相关的问题是标准，由于政出多门，食品安全标准既有重叠，又有缺失，存在不衔接、不统一的问题。

方新委员建议，对转基因的研究无论如何要积极推进，但是对转基因作物的推广是不是可以采取更审慎的态度，既要更详细地论证，也要把转基因作物可能会产生的影响原原本本地告诉公众，正面地进行引导，让公众有知情权、选择权。总之，希望政府对切实关系到人民健康和安全问题的决定，要更严格、审慎。

全国人大常委庄先：隐性的食品安全问题必须给予足够的重视②

2010 年 2 月 25 日上午，在十一届全国人大常委会第十三会议分组会上，庄先委员发言认为，隐性的食品安全问题必须要给予足够的重视。

---

① 参见方新：《转基因食品要正面引导让公众有选择权》，见中国人大网，2010 - 03 - 02。

② 参见庄先：《隐性的食品安全问题必须给予足够的重视》，见中国人大网，2010 - 02 - 25。

庄先委员说，现在显性的食品安全问题得到了很大的缓解，但是隐性的食品安全问题必须要加以足够的重视。比如说：农药残留的问题。大家刚才讲到了转基因的问题，这个问题也属于隐性食品安全问题，它在短时间内表现不出来，要相当时间后才会表现。他还建议，要加快制定食品标准。

全国政协委员李光玉：重视农业知识产权保护①

2010 年 3 月 6 日下午，全国政协委员、国家知识产权局副局长李玉光在接受《中国日报》记者采访时呼吁重视农业知识产权，特别是新品种种子的知识产权保护。

李玉光忧心忡忡地表示，现在中国农产品生产对国外种子的依赖已经非常严重。50％以上的高端蔬菜种子来自外国，玉米、大豆等粮食作物对外国种子也严重依赖。

他表示，一些发达国家非常重视农业新品种的知识产权保护，如荷兰把花卉花种作为国家战略来运行，不遗余力地保护本国开发的新花种。欧盟曾经抵制美国转基因大豆长达十几年，直到今年，在本土技术成熟的情况下，才对美国转基因大豆开放市场。而我国现在对农业新技术和新品种的知识产权保护还远不成熟，出现过本国稻种在出口后，被外国抢先注册专利的案例。因此，他呼吁国家要高度重视农业知识产权保护问题。

全国政协委员赵进东：迫切需要对转基因农产品特别是转基因粮食作物加强管理②

"一个小孩如果从 6 个月大吃粮食开始，就一直吃转基因水

---

① 参见马超：《知识产权局副局长呼吁重视农业知识产权保护》，见中国日报网，2010 - 03 - 06。

② 参见耿联：《从直言议政到理性参政，政协委会讨论理性开场》，载《新华日报》，2010 - 03 - 15。

稻，等到他吃到 20 岁时，会有什么结果？"致公组的讨论中，中科院水生生物研究所常务副所长、中科院院士赵进东委员抛出的这个问题，让委员们都陷入了思考。

"转基因技术大量使用，现在，迫切需要对转基因农产品特别是转基因粮食作物加强管理。"赵进东委员坦言，过去，转基因都是农业部转基因安全委员会来管理，但是像转基因水稻问题，都几乎没有人来做出明确表态。现在成立了国务院食品安全委员会，转基因安全问题应该有更高层的管理机构来管理，再不加强管理，就会出现问题了。

全国人大代表岳国君：加快制定基因法，保障我国基因安全[①]

全国人大代表、中粮集团有限公司总裁助理岳国君认为，我国是世界八大作物起源中心之一，遗传资源十分丰富。但与基因技术实践相比，我国基因领域相关法律法规建设明显滞后，建议加快制定基因法，建立系统的基因领域法律体系，保障我国基因安全。

岳国君代表说，目前，我国已经出台了《基因工程安全管理办法》、《农业转基因生物安全管理条例》、《农业转基因生物安全评价管理办法》等法规文件，并加入了联合国《生物多样性公约》等多边协议，但这些规定大多以行政法规和部门规章形式存在，而且权责划分不明确，存在交叉或真空现象。

"基因领域立法缺失给我国经济和社会发展带来一系列负面影响。"岳国君代表说，"比如大量宝贵基因资源的流失，国外转基因大豆大量低价涌入中国，基因检测等涉及伦理道德和公民隐私技术的滥用等等，都需要尽快给予解决。"

---

① 参见徐宜军：《岳国君：加快制定基因法，保障我国基因安全》，见新华网，2010 - 03 - 11。

岳国君代表还认为，当前我国对基因技术的研发和应用热情很高，法律的缺失将直接影响基因技术领域的有序、规范和科学发展。

岳国君代表建议，加快制定《基因法》，对基因相关领域进行全面规范，同时针对某些章节制定相应的实施细则，建立完整的基因领域法律体系，防止基因资源流失，防止基因信息不当使用，促进基因生物技术研究，保障我国基因安全。

全国政协委员姚克：转基因作物慎行产业化[①]

农业部有关负责人日前在"两会"上表示，至今农业部从未批准任何一种转基因粮食种子进口到中国境内商业化种植，在国内也没有转基因粮食作物种植。对此，姚克委员说，转基因技术自问世以来，转基因技术食品危害的不确定性一直在世界范围内争论不休，转基因农作物产业化一定要谨慎、再谨慎。

姚克委员在"推进'转基因农作物产业化'有待商榷的建议"中分析指出，目前，长期使用转基因农产品还不能保证对人体无害，转基因农作物可能会对我国传统作物造成侵害。另外，转基因作物的种植可能会影响我国的经济利益。"在安全和管理问题解决之前，没有必要急于商业化生产，我国不能成为世界最大的'转基因作物试验场'和最大的'转基因食品消费市场'。"

姚克委员建议，加强转基因植物安全评估体系建设，对种植转基因作物的地区要做应有隔离，以免污染传统农作物的基因和造成其他生态灾难。加大转基因食品强制性标识管理工作，借鉴国际通行做法，在转基因食品包装显著位置进行醒目标注，以提醒消费者。我国的很多转基因食品都不标注，严重侵犯了

---

① 参见郑锐：《两会消息：全国政协委员姚克提出：给转基因农作物产业化打个问号》，载《联谊报》，2010－03－11。

消费者的知情权、选择权。

全国人大常委蔡昉：将转基因技术调研纳入今年人大调研范畴①

2010 年 3 月 10 日，全国人大常委会委员、全国人大农业与农村委员会委员、中国社会科学院人口与劳动经济研究所所长蔡昉在全国人大江苏团发言时建议：把转基因生物技术的调研纳入 2010 年人大的工作。

转基因技术是否安全，社会上有不同的意见。蔡昉表示：对多方面的意见应该持开放和慎重的态度。他说，搞科学的人都知道不存在"证实"这个说法的，没有东西是可以被证实的，但是有可以被"证伪"的。蔡昉用以下的话来表述自己对转基因不同意见的开放态度：如果说某个东西是真实的，不是因为它被"证实"的，而是因为它尚未被"证伪"。

蔡昉表示中央一号文件中对转基因食品的指导精神还是比较严谨的，具有指导性的，"在科学评估、依法管理基础上，推进转基因新品种产业化。"蔡昉对此指出，由于社会对转基因食品安全性存在各种争论，特别是食品安全对民生具有重要意义，建议人大常委会或者委托农业与农村委员会介入并进行调研，广泛征求各界专家和广大人民群众的意见，必要时候听取有关部门的报告。

全国政协委员蔡继明：贸然推动转基因粮食的商业化是没有道理的②

全国政协委员蔡继明认为，2009 年 11 月，农业部向华中

---

① 参见戚卓生：《蔡昉：将转基因技术调研纳入今年人大调研范畴》，见中国江苏网，2010 - 03 - 10。
② 参见苏枫：《蔡继明：转基因大米将成为我国老百姓的主粮》，载《小康》，2010 - 03 - 12。

农业大学研制的两种转基因水稻颁发了安全许可证书。这意味着在不久的将来，转基因大米将成为我国老百姓的主粮，中国有可能成为第一个实现转基因水稻商业化的国家。包括在生物技术上比我国更先进的欧美国家在内，还没有一个国家敢于推动转基因主粮的商业化生产，农业部做出颁发安全证书的决策，所根据的都是作为当事人的从事转基因研究专家的意见，这样的闭门决策体系，无法保证结论的客观性。而粮食是民生之本，我国的非转基因农业技术已经实现了大面积农业高产，解决了13亿人的吃饭问题，在这样的背景下，还要冒巨大的人种退化风险去贸然推动转基因粮食的商业化，是没有道理的。只有在科学上彻底排除转基因粮食对人类的危害、风险降低到零之后，才能推动它的商业化，而这个结论，并不能由农业部来做出。

后　记

　　2009 年末，农业部为两种转基因水稻和一种转基因玉米发放了安全证书，这意味着转基因主粮的商业化推广又往前进了一大步，有的专家提出要在 3～5 年内让转基因米饭摆上人们的餐桌。网络上掀起了轩然大波，各种争论层出不穷，而且从食品安全、粮食主权、生态环境、国家利益、消费者知情权等各个方面展开了论战。但仍然有许多消费者对此一无所知或者虽有耳闻但却知之甚少。

　　本书无意就转基因食品进行理论上深入的研究和分析，我们只是希望能将这场论战的全貌大致呈现给读者，让广大对此还懵懵懂懂的读者和消费者能够开始积极地关注这一问题，在当前和未来可能面对越来越多转基因食品的时候，能够清醒、理智、独立地作出消费决策，在一个倡导行政公开的环境中，能够清醒、理智、独立地表达自己的意见。

　　我们深信，"转基因食品：天使还是魔鬼"这一问题的答案，不是由任何其他人，而是由食用或将要食用它的消费者来回答。愿本书的出版为消费者回答这一问题提供有益的背景材料。

　　另外，我们也知道，在我国最大的蔬菜基地山东寿光，国外种子已经占到了六七成。外国种子公司先"免费"推广洋种子，在取得优势以后再实施市场控制。2010 年 4 月 4 日，中央电视台《对话》栏目对"种业战争"做了讨论，弱小、分散的国产种子企业与跨国种子公司之间的竞争，好比 8 000 条小舢板与几艘大型航空母舰之间的竞争。8 000 条小舢板现阶段明显没有能力与航空母舰"平等竞争"。而转基因的核心技术正是掌握在这些"航空母舰"手中。此时，人们担心转基因主粮匆忙地大规模商业化种植，使我国的农业自主权面临危机这并非杞人忧天。本书也希望唤起读者对这一问题的深入思考。

本书引用了《21 世纪经济报道》、《第一财经日报》、《瞭望新闻周刊》等多家媒体的采访，也参考了《粮食危机》、《转基因之争》、《转基因生物风险与管理》等书籍，还得到了周立副教授、熊蕾编审对他们作品的授权。著名华人科学家何美芸女士和美国独立导演黛博拉·昆斯·加西亚女士为本书欣然作序。宋维丽同学帮助进行了序言的翻译。有个别引用的图片和文字未查明出处，对被引用者表示感谢。也向对所有本书有所贡献的人士表示感谢。

编著者

2010 年 3 月

"读好书吧"读书俱乐部
"答问题，得积分"活动

轻松注册，成为会员，享受"读好书吧"的会员优惠政策。读完《转基因食品——天使还是魔鬼》，回答以下问题中的任意两个，就可以获得3分积分：

◇ 你认为转基因食品安全吗？为什么？

◇ 你认为转基因作物会给环境带来什么样的影响？

◇ 你认为解决中国粮食问题的根本办法是什么？

◇ 你认为公民参与在公共决策过程中应该扮演什么样的角色？

累积积分，就有机会享受针对会员的优惠政策。多多参与写书评的活动，还有机会成为我们的"书评之星"，获得意想不到的奖励！更多活动细则，参见网站说明：

http：//www. crup. com. cn/djbooks

http：//www. a-okbook. com

请将你的答案发送至：djbooks@crup. com. cn

《词的故事》

寇秀兰 著

出版时间:2009 年 10 月

定价:28 元

说起诗词,我们许多人都会记起儿时背过的那些诗句,它们已经成为我们语言的经典,成为我们文化中耀眼的光环。词不仅可以欣赏、体味,还可以作为我们思想、心绪的表达;我们不仅可以徜徉于古人营造的诗情画意中,也可以对我们现实的生活做一种诗意的表达。

《词的故事》也许可以成为一个机缘,使你想要更多地了解诗词,背诵更多的名篇佳句,陶冶自己;也许还可以使你尝试像一个词人一样写出自己心中的爱恋与忧伤。《词的故事》也许可以让你了解一段历史,从历史的长河里看个人的人生轨迹与命运;也许还可以给你不同的启迪与指引。至少它可以让你欣赏一种诗意的生活,也许你会因此终生追求一种诗意的生活和生活中的诗意。

《留德十年》

季羡林 著

出版时间:2004 年 11 月　　定价:23 元

1935 年,青年学子季羡林赴德留学,开始了十年羁旅生涯。数十年后,学术泰斗季先生已近耄耋之年,忆及往昔,遂写下一部《留德十年》。

本书循时间的脉络,记述了先生当年抛家傍路赴德求学的经过。在赫赫有名的哥廷根大学,先生几经辗转选定印度学为主修方向,遂对其倾注热情与辛劳,最终获得博士学位,也由此奠定了毕生学术研究的深厚根基。在此过程中,先生饱尝了第二次世界大战的阴霾带来的戏剧性苦难,而于苦难之外,又更难忘学长深恩、友人深情。

先生虽言"自传"只述事实,不及其余,然"诗与真"并行不悖,洋洋十数万言,生命之诗性本已蕴藉其间。

《卧底特工——走进银行洗钱案的幕后》

The Infiltrator: My Secret Life inside the Dirty Banks
behind Pablo Escobar's Medelin Cartel

by Robert Mazur 李立群 刘启生 译

出版时间:2010 年 1 月 定价:39 元

卧底特工

罗伯特·马祖尔著

中国人民大学出版社

国际商业信贷银行(BCCI)洗钱案在 20 世纪 90 年代曾被称为"美国历史上最严重的一桩洗钱案",也是"世界金融史上最大的诈骗案"。本书是美国特工罗伯特·马祖尔讲述的他作为卧底特工的真实经历,其骇人听闻,让人觉得更像是一部传奇。

作为美国海关总署的一名秘密特工,马祖尔伪装成一名富有的商人,精心布下重重诱饵,暗中调查麦德林贩毒卡特尔洗钱案,并与参与洗钱的 BCCI 的银行家们密切往来。他的整个行动共获得了 1 200 多盘秘密录制的谈话录音带和将近 400 个小时的录象带,通过这些确凿的证据,司法部得以对几名 BCCI 的银行家和其他数十人起诉,并于 1990 年将其定罪。

作者从当事人的视角为我们讲述了一个惊心动魄的真实故事,向我们揭秘国际毒贩如何洗钱的同时,也透露了美国政界、金融界的一些黑暗内幕,同时让我们领略了一个无私无畏、机智幽默、深谋远虑的普通美国卧底特工的风采。

《地球村里的喧嚣:美国反恐战背后的故事》

The Way of the World:
A Story of Truth and Hope in an Age of Extremism

by Ron Suskind 何云朝 译

出版时间:2010 年 1 月 定价:29. 80 元

地球村里的喧嚣

罗恩·萨斯坎德著

中国人民大学出版社

本书作者敏锐地将不同背景的线人提供的信息联系起来,脉络清晰,乱中有序,还原了历史的真相,尖锐地指出了道德沦丧是造成这些悲剧和威胁的根本原因。

从白宫到唐宁街,从南亚那些"站错队伍"的国家到关塔那摩的海滩,本书高屋建瓴,精心布局,将普京、布什等全球政要与恐怖主义势力和人类未来的命运联系起来,在从许多内幕人士以及更大范围内挖掘真相、寻找希望的过程中,向世人呈现出"9·11"事件之后令人百感交集、思绪万千的真实历史画面。

在恐怖主义威胁加剧、文化冲突难以弥合的大背景下,本书中的一些主人公不再恐惧、不再气馁,开始努力探索拯救人类的方式。

本书的写作风格像小说一样紧张刺激,而讲述的事实远比虚构的故事更惊心动魄。 更重要的是,让读者在阅读之后有所回味和反思:这个世界的确出了问题,我们现在应该思考的是如何纠正自己的错误。

图书在版编目（CIP）数据

转基因食品：天使还是魔鬼/一民编著．
北京：中国人民大学出版社，2010
ISBN 978-7-300-10958-9

Ⅰ．①转…
Ⅱ．①一…
Ⅲ．①食品-外源-遗传工程-基本知识
Ⅳ．①TS201.6

中国版本图书馆 CIP 数据核字（2010）第 069498 号

转基因食品：天使还是魔鬼

一民　编著

Zhuanjiyin Shipin

出版发行	中国人民大学出版社	
社　　址	北京中关村大街 31 号	**邮政编码**　100080
电　　话	010 - 62511242（总编室）	010 - 62511398（质管部）
	010 - 82501766（邮购部）	010 - 62514148（门市部）
	010 - 62515195（发行公司）	010 - 62515275（盗版举报）
网　　址	http://www.crup.com.cn	
	http://www.ttrnet.com（人大教研网）	
经　　销	新华书店	
印　　刷	北京山润国际印务有限公司	
规　　格	160 mm×235 mm　16 开本	**版　次**　2010 年 5 月第 1 版
印　　张	11.75 插页 1	**印　次**　2010 年 5 月第 1 次印刷
字　　数	125 000	**定　价**　29.00 元